"十三五"江苏省高等学校重点教材 (教材编号2018-2-200)

江苏高校"青蓝工程"优秀教学团队资助项目

U0653162

创新思维与方法

主　编　桂德怀

扫码加入读者圈
轻松解决重难点

南京大学出版社

图书在版编目(CIP)数据

创新思维与方法 / 桂德怀主编. — 南京 : 南京大学出版社,2020.8
ISBN 978 - 7 - 305 - 23394 - 4

Ⅰ.①创… Ⅱ.①桂… Ⅲ.①创造性思维－高等职业教育－教材 Ⅳ.①B804.4

中国版本图书馆 CIP 数据核字(2020)第 096085 号

出版发行 南京大学出版社
社 址 南京市汉口路 22 号 邮 编 210093
出 版 人 金鑫荣

书 名 **创新思维与方法**
主 编 桂德怀
责任编辑 刁晓静 编辑热线 025 - 83596997
助理编辑 孙 辉

照 排 南京开卷文化传媒有限公司
印 刷 南京京新印刷有限公司
开 本 787×1092 1/16 印张 12.5 字数 289 千
版 次 2020 年 8 月第 1 版 2020 年 8 月第 1 次印刷
ISBN 978 - 7 - 305 - 23394 - 4
定 价 35.00 元

网 址:http://www.njupco.com
官方微博:http://weibo.com/njupco
微信服务号:njuyuexue
销售咨询热线:(025)83594756

☞ 扫码教师可免费
获取教学资源

前　言

　　创新,是一个古老而又年轻的命题,是一个面向现实而又充满期待的追求,是一个影响全球而又渗透各行各业的挑战。随着世界经济、科技、社会和文化的发展,创新已成为人类社会快速发展、人类文明不断进步的强大动力和巨大潜力。正如习近平总书记强调,纵观人类发展历史,创新始终是一个国家、一个民族发展的重要力量,也始终是推动人类社会进步的重要力量,不创新不行,创新慢了也不行。创新是引领发展的第一动力,抓创新就是抓发展,谋创新就是谋未来。

　　现如今,中国人民从站起来、富起来到强起来,社会发展取得了举世瞩目的成就,但同时又面临着百年未有之大变局。我国为实现"两个一百年"奋斗目标和中华民族伟大复兴的中国梦,在经济、科技、文化、制度等方面不断加大创新力度,发挥创新引领作用,这其中最关键的环节是要培养一大批具有创新精神和创新能力的人才,这也是我国高等学校的时代责任和使命担当。但我们发现,目前在高等职业教育领域,在技术技能人才培养过程中,创新意识、创新精神、创新思维、创新方法、创新能力的培养还明显不足,大学生对创新的曲解甚至误解现象还时有发生,对自身的创新能力、创新潜力还缺乏足够的自信。调查显示,绝大多数企业领导者都把"培养和善用人才"作为企业发展的第一要务,都希望招聘到有创新能力的人才。因此,加强大学生创新思维与创新能力培养是一件迫切而重要的任务。

　　本教材通过对创新型国家建设、创新创业"双创"工作、创新人才培养等政策文件的梳理,通过对行业企业的走访调查,深度了解行业企业的技术、产品、管理等方面的发展动向和对创新型人才的需求,针对高职高专层面大学生的实际状况和认知特点、知识基础和能力水平,从思维本质、创新思维、创新方法和创新实践四个维度,按照"了解思维概念—应用思维导图—训练创新思维—学习创新理论—掌握创新方法—剖析创新实践"这条主线来开发内容,突出理论的基础性、整体的关联性和方法的实用性。章节安排采用了问题导入式、项目式、案例式和主题式编写方式,突出探究式教学法、案例教学法和综合训练教学法的应用。同时,在教材建设过程中,高度重视课程思政建设,每个章节都设置了思政联结,包含了大量的契合主题的思政内容。本教材教学资源也比较丰富,《创新思维与方法》课程已立项为江苏省精品在线开放课程,适合开展线上线下学习,翻转课堂或混合式教学。本教材已立项为江苏省"十三五"高等学校重点教材,可以为职业技术院校各专业公共基础课程、创新创业教育课程选用,也可作为企业人员继续教育或社会人员创新思维训练课程。

教材在编写过程中,参考和借鉴了国内外一些知名学者的研究成果,学习和借鉴了兄弟院校创新创业教育的一些宝贵经验,得到了同行专家的指导和认可,也得到了苏州工业职业技术学院领导和同事的关心和帮助,得到了南京大学出版社的支持和帮助,在此一并表示感谢。也热忱欢迎广大同行和专家、老师和同学不断交流探讨,批评指正,完善提升。

桂德怀
2020 年 6 月于姑苏城

目　录

第一章

思维与思维导图

第一节

思维挑战

> **问题 1**:怎样把右边篮子里的鸡蛋竖起来?尽可能多地说出你的方案。

方案 1:＿＿＿＿＿＿＿＿＿＿＿＿＿＿＿＿＿＿＿＿＿＿

方案 2:＿＿＿＿＿＿＿＿＿＿＿＿＿＿＿＿＿＿＿＿＿＿

方案 3:＿＿＿＿＿＿＿＿＿＿＿＿＿＿＿＿＿＿＿＿＿＿＿＿＿＿

> **问题 2**:在什么时候 $9+4=1$ 会成立?尽可能多地说出你的方案。

方案 1:＿＿＿＿＿＿＿＿＿＿＿＿＿＿＿＿＿＿＿＿＿＿＿＿＿＿

方案 2:＿＿＿＿＿＿＿＿＿＿＿＿＿＿＿＿＿＿＿＿＿＿＿＿＿＿

方案 3:＿＿＿＿＿＿＿＿＿＿＿＿＿＿＿＿＿＿＿＿＿＿＿＿＿＿

> **问题 3**:假如有一根内径接近乒乓球直径、长 100 厘米左右的铁管深深地插在地面上,有一个小朋友玩耍时不小心把乒乓球掉进了铁管中,为了取出乒乓球,他十分着急。但现在有以下工具可供选用:锯子、锤子、钳子、铁丝、细线、手电筒,前提条件是不能破坏乒乓球和铁管,那么怎样才能取出乒乓球?

方案 1:＿＿＿＿＿＿＿＿＿＿＿＿＿＿＿＿＿＿＿＿＿＿＿＿＿＿

方案 2:＿＿＿＿＿＿＿＿＿＿＿＿＿＿＿＿＿＿＿＿＿＿＿＿＿＿

方案 3:＿＿＿＿＿＿＿＿＿＿＿＿＿＿＿＿＿＿＿＿＿＿＿＿＿＿

请大家给出上述问题的答案,看看有多少种不同办法,再相互比较一下,看看哪些方法切实可行?哪些方法与众不同、新颖独特、富有创意?

在现实生活、学习或工作过程中,我们经常听说:思维决定行为;思路决定出路;眼界决定境界;细节决定成败;格局决定结局;实力决定魅力等诸多至理名言。由此可见,思维、思路、眼界、细节、格局、实力是影响行为、出路、境界、成败、结局、魅力的重要因素。

请问大家,在这些要素中,你认为哪一个是影响事情结局的最重要因素?

不妨,我们把这些要素做一个简单的相关性分析,用→表示"影响"作用,用➡表示"决定"作用,那么,这些要素的相关关系如图1-1所示。

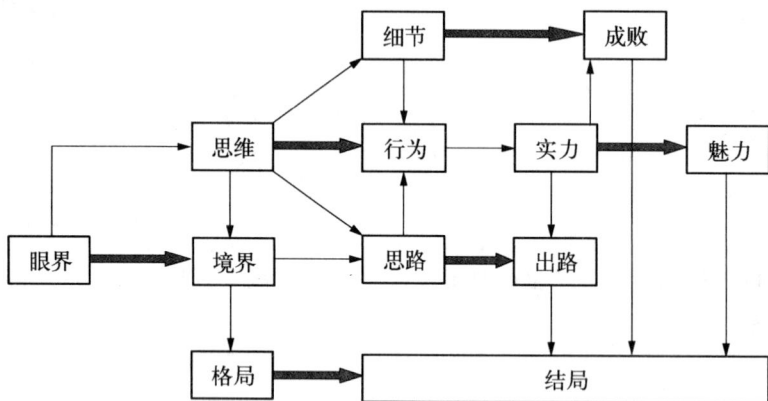

图 1-1 影响结局的要素相关性分析

可见,一个人的思维不仅决定行为,还影响思路、细节、境界,从而影响到事情的结局,由此表明:思维是影响结局的关键要素。

下面,我们来分析几个案例,看看大家的思维状况和思维能力。

案例 1:在下列 5 个图形中,请你挑出与众不同的 1 个,并给出你的理由。

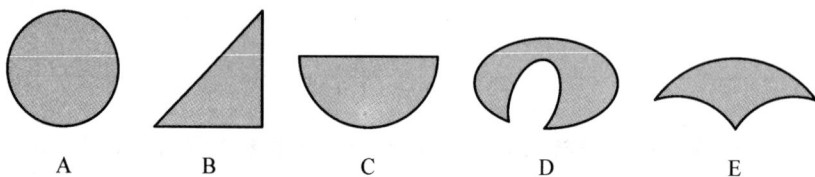

案例分析:

选 A,因为 A 是唯一没有"棱角"的图形。

选 B,因为 B 是唯一没有"曲边"的图形。

选 C,因为 C 是唯一既有"曲边",又有"直边"的图形。

选 D,因为 D 是唯一有"两条曲边"的图形。

选 E,因为 E 是唯一有"三条曲边"的图形。

案例 1 主要突出形象思维,通过比较的方式,探索每个图形的整体与局部,寻找图形之间的共性与个性,从"差异性""独特性"的视角来找到与众不同的对象。

当然,对案例 1 的分析,还可以切换新的思维视角,如将这五个图形与它们之外的某个对象做比较,比如降落伞,可见只有 E 的图形像降落伞,所以 E 与众不同。如果选择其他对象,可能会得到其他的结果,大家可以继续探讨。

案例2：三个大学生去某地开展夏令营活动,准备在一家旅店住宿1个晚上,开始每人交了100元钱,老板见是大学生便叫服务员退给他们50元钱。服务员心想,50元钱分给3个人不好分,于是自己就收起20元,退给每个学生10元。事后,服务员心中非常纳闷,每个人交了90元,共270元,自己拿了20元,累计290元,可三个学生一开始交了300元,那10元钱去哪儿了?

请你帮服务员想一想这到底是怎么回事?

案例分析：

这个案例主要体现分类思维,要把握思维对象,厘清思维条理,明确相互关系。首先案例涉及三类主体:大学生、服务员和旅店老板;其次,案例涉及两种业务:收入和支出。因此,我们可以按照主体或业务来分类进行思考。

1. 对大学生而言,每人交100元,合计交了300元,后来每人被退还10元,实际每人支付90元,合计支出270元,300-30=270,收支平衡。

2. 对服务员而言,一开始收到三个大学生300元钱,后来要求退还50元,其中30元退给了大学生,服务员自己拿了20元,在这个过程中,服务员收到300元,退还(支出)50元,剩下250元交给(支出)旅店老板,所以300=50+250,收支平衡。其中,50元是旅店老板的支出,30元是学生的收入,20元是服务员的收入,30+20=50,收支平衡。

3. 对旅店老板而言,一开始收到三个大学生300元钱,后来要求退还50元,因此,旅店实际只收到250元,300-50=250,收支平衡。

在这个过程中,大学生实际支付270元,旅店老板得到250元,服务员自己拿了20元,250+20=270,收支平衡。到此,大学生住旅店的缴费过程应该清楚明确,没有异议。但服务员把大学生支付(支出)的270元加上自己拿的(收入)20得出290元,从而产生了疑惑,这是把收入加支出,混淆收支概念,导致思维混乱的表现,本案例的收支分析基本情况如图1-2所示。

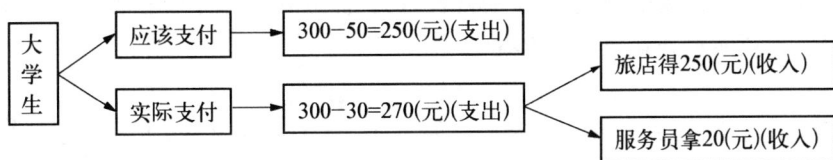

图1-2 大学生住旅店缴费情况分析

可见,大学生支付的270元当中就包含了服务员拿的20元钱,如果再把270元与20元相加得出290元,就是重复计算,是收入加支出,也没有任何实际意义。

对案例2,我们也可以运用列表思维的方式,将三类主体、两种业务以及它们之间的相互关系清晰简洁地反映出来,如表1-1所示。

表 1-1 大学生住旅店缴费收支情况

	大学生	旅店（老板）	服务员
支出	-300 ①	④ -50 ③	
收到	30	300 ②	20
收支结果	-270 ⑥	250 ⑤	20 ⑦

收支结果中-270 元是大学生的支出金额,250 元是旅店老板的收入,20 元是服务员的收入,-270+250+20=0,可见收支是平衡的,但把大学生支出的 270 元加上服务员得到的 20 元,得出 290 元,是收支概念的混淆,不同类目的相加,是没有意义的运算,也不存在"300-290 后的 10 元钱去哪儿了"的说法。

案例 3:曾经有一个老人非常喜欢安静的居住环境,可是有一天开始,他家附近经常有一群小孩来玩耍,而且非常吵闹,从此这位老人感到不得安宁,焦虑不安。请思考,老人接下来该怎么办?

案例分析:

(1) 训斥法——训斥孩子,把他们赶走。

(2) 商量法——与孩子商量,请他们不要吵闹。

(3) 报警法——拨打 110,请警察来处理。

(4) 迁居法——重新买房,换个安静的地方居住。

(5) 糖果法——老人把孩子们召集过来,说:我这儿本来很冷清,谢谢你们让这儿变得很热闹,说完每人发三颗糖。孩子们很开心,天天来玩。几天后,每人只给 2 颗,再后来只给 1 颗,最后就不给了。孩子们生气说:以后再也不来这儿给你热闹了。从此,老人又清静了。

这个案例主要采用发散性思维,突破思维惯性,找到更多解决问题的方案。

请问,以上五种方案中,你想到了哪几种方案,你最欣赏哪种方案,为什么? 除了这五种方案以外,你还能想到其他什么方案?

案例 4:甲、乙、丙三人喜欢说谎话。有一天,为了一件事情,甲指责乙说谎话,乙指责丙说谎话,丙说甲与乙两人都在说谎话。其实,在他们三个人当中,至少有一人说的是真话。请问到底是谁在说谎话?

案例分析:

本案例在不易直接判断的前提下,要善于运用间接论证和逻辑推理方法,假设某个结论成立,通过推理和论证,得出矛盾的或正确的结论。

(1) 如果甲说真话,乙说的就是谎话,因为乙指责丙说谎,那么丙说的就成了真话,而丙说甲、乙都在说谎,矛盾。

（2）如果乙说真话，则丙在说谎，上述（1）分析知甲在说谎，成立。

（3）如果丙说真话，意指甲说的"乙说谎话"为假，那么乙说的就是真话，而乙说的是真话则丙在说谎，矛盾。

本案例也可运用列表思维的方式，将甲、乙、丙三个主体及其判断通过表格的方式来表达，我们用√表示判断为"真"，用×表示判断为"假"，于是可以得到表 1-2 所示的甲乙丙的判断分析情况。

表 1-2　甲乙丙的判断分析

主体	甲	乙	丙	甲	乙	结论
甲	√①	×②	√③	×③	×	甲出现矛盾
乙		√①	×②	√②	×	乙出现矛盾
		√①	×②	×②	√	甲乙丙均无矛盾
丙		√	√①	×①	×	乙出现矛盾

可见，甲和丙在说谎。

本案例主要强调逻辑思维，运用间接分析的方法，通过逻辑推理做出合理分析和判断。

通过以上四个案例的挑战与分析，你觉得你真的会思维吗？如果四个案例都分析对了，恭喜你，你的思维能力很不错；如果四个案例还没有全部分析出来，也没有关系，请继续学习本课程的后续内容，相信通过本课程的学习和培养，你的思维能力和创新思维能力一定会得到大大的改善和提高，你将会变成一个善思维、敢创新的人才。

思政联结

1. 恩格斯指出："地球上的最美的花朵——思维着的精神。"

（恩格斯.自然辩证法.人民出版社，2018 年 5 月）

2. 恩格斯说："一个民族想要站在科学的最高峰，就一刻也不能没有理论思维。"

（马克思、恩格斯著，中共中央翻译局翻译.马克思恩格斯选集.人民出版社，1995 年第3 卷，467 页）

3. 领航新时代的理论思维

☞ 扫码见全文《领航新时代的理论思维》

训练题

一、选择题

1. 恩格斯说："一个民族要想站在科学的最高峰，就一刻也不能没有理论思维。"这说明（　　）。

A. 正确的意识对事物发展起积极作用

B. 意识的能动作用使事物向正确方向发展

C. 只有正确的意识才能反作用于客观事物

D. 意识可以改造客观事物

2."思维着的精神是地球上最美丽的花朵"是指（　　）。

A. 意识是对事物本质和规律的正确反映

B. 人类活动的目的就是为了思维着的精神

C. 世界是客观存在的物质世界

D. 随着实践的发展和认识能力的提高,正确反映客观事物的科学知识在不断增加

二、简答题

找出下列每一组对象中不同的内容,并说明理由。

（1）汽车、摩托车、电瓶车、飞机、轮船

（2）哭、笑、看、听、尝、摸、嗅

（3）物质、光、爱、善、精神、黑、憎、恶、热、白

三、分析题

有一天,A、B、C、D四个孩子在屋里玩耍,突然有一块泡泡糖不见了,问他们谁吃了?
A 说:"B 吃啦";B 说:"D 吃啦";C 说:"我没有吃";D 说:"B 说谎"。

请问:到底是谁吃的?

第二节

思维方式

当今世界正处在一个百年未有之大变局中,国际社会的竞争前所未有。国家与国家之间的竞争主要是科学技术的竞争,科学技术的竞争主要是人才的竞争,人才的竞争主要是人的思维和智慧的竞争。[①]

一、思维的概念

关于什么是思维,恩格斯在《反杜林论》中指出:"究竟什么是思维和意识,它们是从哪里来的,那么就会发现,它们都是人脑的产物,而人是自然界的产物,是在他们的环境中并且和这个环境一起发展起来的。"[②]

人脑是思维和意识的器官,思维和意识是人脑的功能。现代脑科学研究表明,由140亿个神经细胞组成的大脑是人体最复杂的组织,是人体的神经中枢,它对人体的一切生理活动,如脏器活动、肢体运动、感觉变动以及语言表达、文字识别、思维反应等都起到支配和指挥的作用。[③] 人脑,作为思维的物质载体和生理基础,包含着 10^{11} 个神经细胞体、树突、轴突组成的神经元,可分为脑干、间脑、小脑和大脑四个部分,如图 2-1 所示。

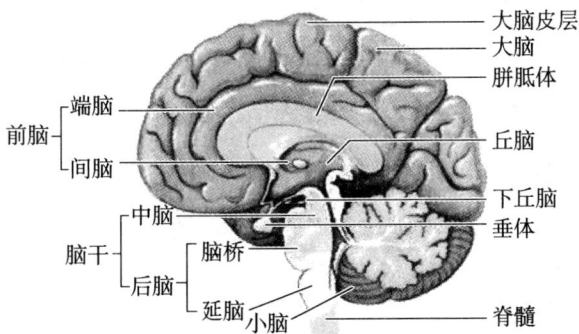

图 2-1 人脑的结构

---

① 余华东:《论思维研究的使命——关于思维研究的重要性、复杂性和道路》,载《北京市政法管理干部学院学报》,2003(2)。

② 恩格斯:《反杜林论》,北京:人民出版社,1970.

③ 同①

其中,大脑主要由左半球和右半球两部分组成,它是中枢神经中最大和最复杂的结构,也是神经系统最高级部位,大脑半球的外侧面和内侧面如图2-2、图2-3所示,它是调节机体功能的器官,也是意识、精神、语言、学习、记忆和智能等高级神经活动的物质基础。

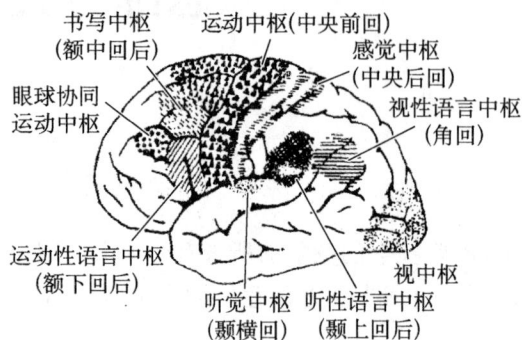

图 2-2　大脑半球的外侧面　　　　图 2-3　大脑半球的内侧面

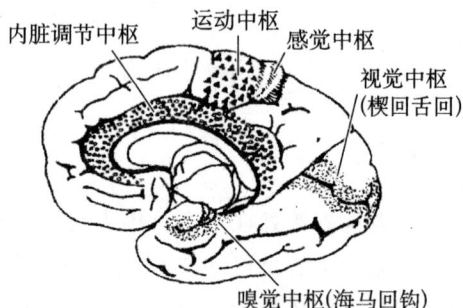

在正常情况下,人的大脑两个半球是由胼胝体连接沟通,形成一个整体,左、右两个半球接受的外部信息,经胼胝体传递可在瞬间进行交流,支配和指挥人的各种活动。但人的大脑两半球在机能上有分工,左半球感受并控制右侧身体,右半球感受并控制左侧身体。美国心理生物学家斯佩里博士(Roger Wolcott Sperry,1913~1994)通过著名的割裂脑实验,证实了大脑不对称性的"左右脑分工理论",也因此荣获1981年诺贝尔生理学或医学奖。割裂脑实验发现:大脑两个半球高度专门化,每一部分控制不同的功能,并以不同的方式处理信息,大脑两部分由胼胝体连接起来,对大脑两半球信息进行协同活动,这一理论经多次临床实验得以证实,表2-1是半脑分工的临床实验证据。[①]

表 2-1　半脑优势之临床实验证据(1976 年)

左脑(右半边身体)	右脑(左半边身体)
语言、文字	空间、音乐
逻辑、数学	整体的
线性、细节	艺术、象征
循序渐进	同时并进
自制	易感的
好理智的	直觉的、创造力强的
强势的	弱势的(安静)
世俗的	性灵的
积极的	感受力强的
好分析的	综合的、完形的
阅读、写作、述说	辨认面目
顺序整理	同时理解
善于察知重大秩序	感知抽象图形
复杂动作顺序	辨认复杂的数字
(Science News,Volume 109,＃14.p.219.1976 年 4 月)	

---

① 张爱华:《全脑开发与创造性思维能力的培养》,载《教育研究》,1999(8)。

　　人的大脑两个半球具有不同的生理结构和优势功能，如图2-4所示。人的左脑主要负责语言、文字、数学、逻辑、推理、判断、分类、分析、排列、阅读、写作、记忆、五感（视、听、嗅、触、味觉）等，是抽象思维的中枢，思维方式具有分析性、逻辑性和连续性。所以，人们也称左脑为抽象脑或学术脑。右脑主要负责空间、音乐、美术、情感、直觉、想象、灵感、顿悟、形象记忆、身体协调等，是形象思维的中枢，思维方式具有跳跃性、无序性和直觉性。所以，右脑也被称为艺术脑或创造脑。斯佩里认为，人的右脑具有超高速、大容量记忆技能，如速读、速记能力；具有超高速、自动化演算机能，如心算、速算能力；具有很强的图像化机能，如想象力、创造力、企划能力；具有与宇宙共振共鸣机能，如直觉、灵感、第六感等。右脑是创造力的源泉，善于找出多种解决问题的办法，许多高级思维功能取决于右脑。现代脑科学研究成果表明，大脑两半球既功能各异、各司其职，又互补渗透、密切配合，共同在思维中发挥作用。深入挖掘人脑左、右两个半球的功能，特别是右脑的潜力非常重要，这是开发思维、挖掘人类无穷创造力的重要途径。

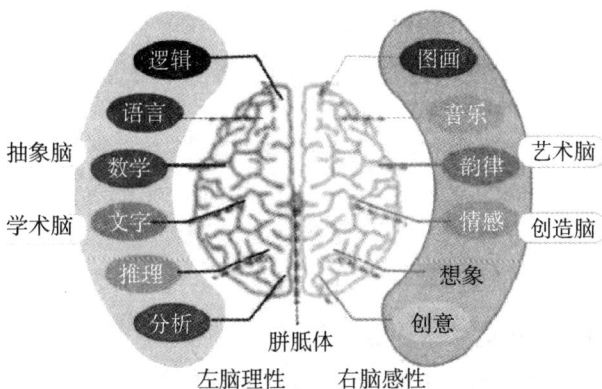

图2-4　左右脑的功能分布

　　思维是人脑对客观事物本质属性与规律的间接和概括的反应。它是借助语言、表象或动作来实现的。思维是人的本质特征，人的本质是一个包含人与自然关系、人与社会关系、人与思维关系的复杂系统。人的思维本质决定着人的自然本质和社会本质。正如恩格斯指出："动物最后发展出神经系统获得充分发展的那种形态，即脊椎动物的形态，而最后在这些脊椎动物中，又发展出这样一种动物，在它身上达到了自我意识，这就是人"。[①]思维和意识就是人与动物的最本质区别。中国古代的大思想家、教育家孔子（前551～前479）两千多年前就指出："学而不思则罔，思而不学则殆。"孔子的雕像如图2-5所示。可见，进行分析、综合、推理、判断等思维活动十分重要。法国著名的雕塑艺术家奥古斯特·罗丹（Auguste Rodin，1840～1917）在1880～1902年创作雕像《思想者》，如图2-6所示，这个巨人弯着腰，屈着膝，右手托着下颌，在静静地思考着人类整体发展的艰难和所经历的各种苦难，这是罗丹的一件艺术杰作，现藏于巴黎罗丹美术馆，他塑造了一个典型的思想者的艺术形象。这也是"思想源于思考，思考源于思维"的典型代表。

---

① 　马克思、恩格斯：《马克思恩格斯选集》，北京：人民出版社，1995年，第3卷第456页。

图 2-5　孔子雕像　　　　　　图 2-6　思想者雕像

二、思维的过程

思维的过程就是运用已有的知识和经验,对外界输入的信息进行分析与综合、比较与分类、抽象与概括、具体化与系统化的过程。

（一）分析与综合

分析与综合是思维过程的基本环节。人的一切思维活动,从简单到复杂,从现象描述到概念形成,从问题判断到解决方案,从普通认知到创新思维,都离不开大脑的分析与综合。

分析就是将事物的整体分解成各个组成部分、方面或个别特征的思维过程。例如,我们在日常生活中会经常:

(1) 把动物分解为头、颈、躯干、四肢和尾部;

(2) 把植物分解为根、茎、叶、花、果实和种子;

(3) 把一个图形分解成点、线、面、体;

(4) 把一个句子分解成主语、谓语、宾语、状语、定语、补语等组成部分;

(5) 把一个事件分解成时间、地点、人物、原因、过程和结果。

分析能力是一个人的重要思维能力,在思维过程中把客观对象的整体分解为若干部分进行考察和认识,把它的要素、层次和规定性分解开来进行判断和研究,搞清楚事物局部的性质、局部之间的联系以及局部与整体的关系,这样才能由表及里、由浅入深、由易到难、由简到繁,逐步认识客观事物,准确把握变化规律,为科学决策和判断打下坚实的基础。

分析能力也是一个人智力水平的体现,在日常学习、生活或工作中,我们会经常遇到一些事情、问题或挑战,分析能力强的人,往往能抽丝剥茧,化整为零,应对自如,解决难题。而分析能力较差的人,往往思绪混杂紊乱,无从下手;百思不得其解,束手无策;心理畏惧害怕,苦不堪言。分析能力与一个人的左脑发达程度有关,具有一定的先天性,但更大程度上取决于后天的训练和培养。分析能力较强的人,往往学术有专攻,技能有专长,在各自领域里创造出独特的见解和非凡的成就。例如,对纷繁复杂的"世界"的认识,就是一件非常不简单的事情,但是一个分析能力强的人,可能先把世界分成主观世界和客观世界,再把客观世界分为人类社会和自然界等,如图2-7所示。

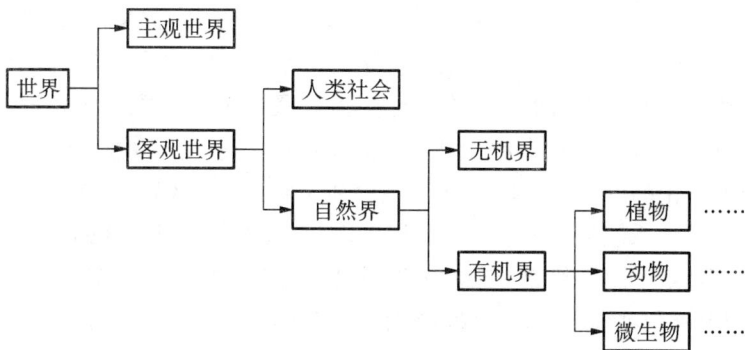

图2-7　关于世界的认识

准确掌握分析方法是提高分析能力的关键环节。我们知道,任何客观事物都是由不同要素、不同层次、不同规定性组成的统一整体。因此,我们要想深刻认识客观事物,就必须要准确把握其每个要素、层次和规定性,就要学会在思维中把要素、层次和规定性分割、分解开来进行考察和研究。为此,我们提出要素分解和层次分析两种基本的分析方法。

1. 要素分解

要素是指构成一个客观事物必不可少的元素或因素,它是事物存在并维持其运动的最小单位。如,词汇是语言的基本要素;圆心和半径是确定一个圆的两个要素;人物形象、故事情节、典型环境是写小说的三个要素;劳动、资本、土地和企业家才能是生产的四个要素;计划、组织、指挥、协调和控制是管理的五个要素;时间、地点、人物、起因、经过、结果是新闻的六要素。同样,上齿柱、下齿柱、笔管、笔盖、弹簧、笔芯是一支圆珠笔的六个基本要素,如图2-8所示。

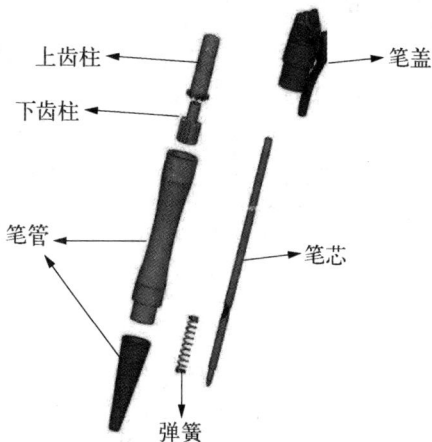

图2-8　圆珠笔的组成

要素分解法就是指在分析客观事物时,把组成事物的基本要素、关键要素或核心要素逐一找到,并分解出来加以研究和考察的方法。要素分解是分析的一种方法,善于要素分解是分析能力的一种表现。在思维能力培养过程中,经常做要素分解是训练思维的一种重要方式。如将一套完整的茶具分解为:匙置、茶匙、茶夹、茶海、茶叶、茶盘、茶壶、茶则、烧水壶、杯托、品茗杯、闻香杯;将一个公司的战略分解为:经营计划、产品战略、市场开发战略、人力资源战略、财务战略;将职能部门分解为:研发部、市场部、生产部、销售部、财务部、行政部等;将市场营销组合分解为:产品、价格、渠道、促销。

2. 层次分析

层次是系统论的一个重要概念,是指系统在结构或功能方面的等级秩序。《中国大百科全书哲学卷Ⅰ》将"层次"界定为"表征系统内部结构不同等级的范畴,任何系统内部都具有不同结构水平的部分,如物体可分为分子、原子、原子核、基本粒子等若干层次;高级生命体可分为系统、器官、组织、细胞、生物大分子等若干层次,层次从属于结构,依赖结构而存在。系统内部处于同一结构水平上的诸要素,互相联结成一个层次,而不同的层次则代表不同的结构等级。层次依赖于结构,结构不能脱离层次,没有也不可能有无层次的结构。层次总是体现在众多范畴的相互关系之中,系统性质主要由层次决定,一个系统内子系统是否存在层次结构是这个系统是否复杂的主要标志之一,系统科学对系统的分类也主要依赖它们的层次结构。"①大千世界,纷繁复杂的事物都以物质或精神、运动或静止、时间或空间的不同方式存在,以要素与系统、个体与集体、整体与局部的多种交织状态存在,体现出不同的结构、功能和属性的层次特征。因此,要想深刻认识事物的特征属性,把握事物的变化规律,往往就需要深度剖析事物的层次和等级。在社会生活中,分层现象非常普遍,如针对不同学生的学习基础和思维发展水平开展分层教学;依据不同的对象和职能进行分层管理;根据业务流程和逻辑关系对软件进行分层设计;为提高精度和生产效率对零部件分层铣削加工;美国心理学家亚伯拉罕·马斯洛为充分把握人的动机,创立了需求层次理论,将人类需求从低到高分为五个层次:生理需求、安全需求、社交需求、尊重需求和自我实现需求。

层次分析法就是把一个复杂的问题当作一个系统,然后将系统的目标、结构、功能和属性分解为多个层级的目标、结构、功能和属性,进而把握系统的内在关联和外部特征的方法。

神经语言程序学(Neuro-Linguistic Programming,简称NLP)大师罗伯特·迪尔茨创立的理解层次理论认为,在任何系统中,人的生活——包括系统本身的活动,都可以通过几个不同层次进行描述和理解,它们分别是:环境、行为、能力、信念与价值观、身份和精神,如图2-9所示。

图2-9 理解层次的结构

其中,

① 精神:自己与整个世界其他系统的关系。
② 身份:自己以什么身份去实现人生的意义。
③ 信念:配合身份,应该有什么样的信念和价值观。
④ 能力:我有哪些不同的选择? 我掌握了什么技能?
⑤ 行为:在环境中我们的运作。
⑥ 环境:外界的条件和障碍。

实际上,在工作过程中,当我们需要完成一项工作任务的时候,我们就可以把这项工作分成任务层、目标层、

---

① 中国大百科全书总编辑委员会《哲学》编辑委员会:《中国大百科全书哲学卷Ⅰ》,北京:中国大百科全书出版社,1987年10月第一版,第84~85页。

措施层,不同的工作任务可能需要分解成不同的目标,不同的目标还可能需要采取不同的措施才能完成,如图 2-10 所示。通过这样的层次分析以后,我们对完成这项工作的认识就比较清楚了。

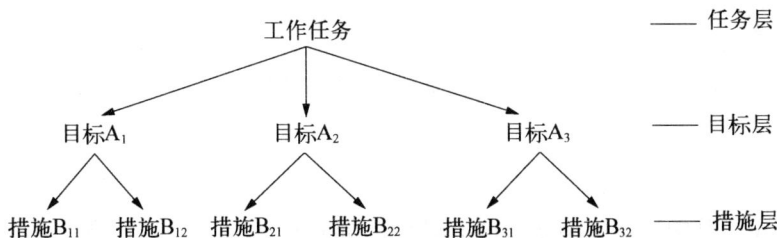

图 2-10 工作任务、目标及措施分解

综合就是把事物的各个部分、各个方面、各种属性、各个要素按内在联系有机结合起来形成一个整体的思维过程。例如,在日常生活、学习或工作中,我们把单词组成句子;把零部件组装成产品;把一个学生的德、智、体、美、劳各方面的表现综合形成总体评价;把文、理、工、经、管、法、农、林、医等学科归并组成综合性大学;由"自然界是变化发展的,人类社会是变化发展的,人的认识是变化发展的"而得出"事物是变化发展的",这些都是综合的表现。在解决问题的过程中,我们经常把所分析对象的各个部分、各个属性联合成一个统一的整体,把不同种类、不同性质的事物组合在一起形成一个新的对象,往往更有利于我们全面地、系统地、准确地把握事物或现象。

综合能力是人在思维过程中把客观对象的各个部分结合成一个有机整体进行考察、认识的技能和本领。它是一个人的重要思维能力,它能把客观存在的各个要素、层次和规定性用一定线索联系起来,从而发现它们之间的内在联系、本质属性和发展规律。综合不是简单地拼凑,也不是机械地叠加,而是需要紧紧抓住各个要素之间的内在联系,抓住各个部分之间的内在联系,抓住事物整体的本质和运动规律,得出一个全新的整体性的认识。这种由小到大、由低到高、由零散到完整、由局部到整体的认识,更能把握全局,谋划长远,科学决策。

分析与综合的关系。作为整体的事物都是由它的各个部分、关系、属性有机结合而成的,作为过程的事物,都是由它的若干阶段、变化状态有机联结而成的。事物存在与发展的这一客观性质也决定了人们在认识事物的过程中应该充分运用分析与综合相结合的思维方法,既要对事物及其过程的有关要素进行分析,又要对事物的整体与全过程进行综合把握。通过分析,人们可以进一步认识事物的基本结构、属性和特征,使认识更加准确;可以分出事物的表面现象和本质特性,使认识更加深化;可以分出问题的情境、条件和任务,使问题更易解决。而通过综合,人们可以完整地、全面地、系统地认识事物,把握好要素之间的联系和事物之间的关系。分析与综合是密不可分的,是统一的科学思维方法。分析是从事物整体走向部分的认识,是把整体分解为各个部分、方面、因素来认识,并从中揭示事物的本质和事物的内部联系;综合是从事物的部分走向整体的认识,是把分析中所得到的各部分联成一个整体,揭示事物发展过程中的矛盾在总体上、在相互联结上的特殊性。分析是综合的前提和基础,没有科学分析的综合是空洞抽象的;综合是分析的延续和升华,没有科学综合的分析是零散片面的。分析与综合是互为前提、互相渗透、彼此转化的,在分析基础上综合,在综合指导下分析,循环往复,形成"分析—综合—再分析—再综合"的认识过程,推动人的认识不断深化和发展。

（二）比较与分类

大千世界的事物纷繁复杂、千变万化、千姿百态、千奇百怪,因此,我们在认识和辨别事物时,还需要在分析与综合的基础上,对事物进行比较和分类,这也是人类认识事物的重要思维方法。

1. 比较

比较是在头脑中确定事物之间的共性和差异的思维方法。在社会生活中,比较无时无处不在,升学填报志愿要比较,就业选择单位要比较,买房、买车甚至买菜都需要比较,比学习、比成绩、比能力、比贡献等等,人生何处无比较？因此,我们常说"不比不知道,一比吓一跳""不怕不识货,就怕货比货""有比较才有鉴别""没有比较就没有发言权",通过比较可以使人们更加深入地认识事物和现象,发现事物的本质与真相、优点与缺点、长处与不足、现状与潜力,从而为人们利用、选择和判断,处理、改造和创新事物提供更加理性、更加合理和更加可靠的方案。

认识比较、学会比较、善于比较是人的一项重要能力。只有掌握比较的方式和方法,才可能做好合理、有效的比较工作,得出准确、科学的比较结果。比较有多种方式,按照不同的标准,比较可以分成不同的形式:

（1）按属性的数量,可分为单项比较和综合比较。单项比较是按一种属性对事物进行比较,综合比较是按多种属性对事物进行比较。单项比较是综合比较的基础。

（2）按时空的区别,可分为横向比较和纵向比较。横向比较是对同一时期不同对象进行对比分析,纵向比较是对同一对象在不同时期的状况进行对比分析。

（3）按目标的指向,可分为求同比较和求异比较。求同比较是寻求不同事物的共同点以寻求事物发展的共同规律。求异比较是寻求两个事物的差异点以发现事物生存与发展的特殊性。

（4）按比较的性质,可分为定性比较和定量比较。定性比较就是通过事物间的本质属性的比较来确定事物的性质。定量比较是对事物属性进行量的分析以准确把握事物的变化。任何事物都是质与量的统一,把握事物的质和把握事物的量都是认识事物的重要途径与方法,两者不宜偏废。

比较工作可以从时间、空间、形式、内容、现象、本质、内部结构、外部联系等不同角度进行,但比较分析也要满足下列条件:

① 可比性,即被比较的对象之间具有一定的内在联系;

② 统一性,即进行比较的对象必须是同一范畴内的事物,坚持统一标准;

③ 多边性,即被比较的对象必须是两个以上。

2. 分类

分类是按事物属性的异同,把事物分成若干不同种类的思维方法。分类是以比较为基础,人们通过比较,揭示事物之间的共性和差异,然后根据事物的共同点,把事物聚合成一类。同样,也可以根据事物之间的差异,将某一类事物再划分成几个小类。由此,就可以把众多事物区分为具有一定从属关系的不同类别,从而形成一定的概念体系和知识结构。培养分类思维,养成良好的分类能力,需要进一步掌握属性分类方法。

属性是事物(对象)的性质与关系的统称。它是事物本身所固有的、必然的、基本的、不可分离的。我们知道,任何一个具体的事物都有许许多多的性质和关系,如形状、颜色、气味、质量、体积、速度、酸性、碱性、熔点、沸点、密度、善恶、优劣、用途等都是事物的性质;大与小、轻与重、高与矮、长与短、宽与窄、粗与细、厚与薄、上与下、左与右、妥协与反抗、喜爱与厌恶、优良与低劣等都是事物的关系。属性是人类对于一个对象的抽象方面的刻画。事物与属性是不可分的,事物都是有属性的事物,属性也都是事物的属性。一个事物与另一个事物的相同或相异,也就是一个事物的属性与另一事物的属性的相同或相异。也正因为事物属性的相同或相异,客观世界中形成了许多不同的事物类。人们把具有相同属性的事物归为一类,把具有不同属性的事物归属为另外一类。如人们根据"属种"的不同,把红富士苹果、红将军苹果、金帅苹果、香蕉苹果、乔纳金果、嘎拉苹果、红星苹果、国光苹果等都称为"苹果",而把啤梨、鸭梨、秋月梨、雪花梨、香梨、皇冠梨、烟台梨、翠冠梨、水晶梨、香蕉梨、苹果梨等都称为"梨"。苹果是一类事物,它是由许多具有相同属性的个别事物组成的。梨也是一类事物,也是由许多具有相同属性的个别事物组成的。但苹果的这些属性不同于梨的属性,所以,苹果和梨是两个不同的类。

一定质的事物通常表现出多种属性,有的是事物的特有属性,有的是共有属性;有些是事物的本质属性,也有些是非本质属性。事物的特有属性是指为一类对象独有而别类对象所不具有的属性。人们就是通过特有属性来认识事物、区分事物的。如直立行走、能思维、会说话、能制造和使用工具是"人"的特有属性,是"人"区别于其他动物的重要依据。而五官、四肢、内脏和血液循环等属性不仅"人"所具有,其他许多动物也具有,所以它们是共有属性。在事物的诸多属性中,本质属性是决定一事物之所以成为该事物而区别于其他事物的属性。某事物固有的规定性和与其他事物的区别性是本质属性的两个特点,如能思维、会说话、能制造和使用工具是"人"的本质属性。而其他属性,如两足、直立行走则是"人"的非本质属性。只有全面、准确、深刻地认识和把握事物的各种属性,人们才能更好地认识事物、利用事物和改造事物。比如,我们知道在一个标准大气压下,水的冰点为0℃。依此,我们可以做好抗寒防冻准备,或者建造冰点基准室来校准精密温度计的读数。

属性分类法就是按照种类、等级或性质对事物进行区分和归类。所谓类,是指性质或特征相同或相似的事物的集合。正因为事物往往表现出多种属性,所以,按照不同属性进行分类,会得出不同的结果,如桥梁按用途可分为人行桥、公路桥、铁路桥、公铁两用桥等;房屋按照楼体高度可分为低层、多层、小高层、高层、超高层等;学校按教育层次可分为小学、初中、高中、大学。

分类是人类思维的基本形式,是人们认识事物、区分事物、认识世界的基本方法。分类是一种很常见、又很重要、有时也很复杂甚至非常困难的工作。比如,一个图书馆有几十万册甚至更多的藏书,如何保证这些图书有条不紊地分布在图书馆里,就是一件非常重要的工作。国家图书馆出版社出版的《中国图书馆分类法》就是一部专门用来指导图书馆进行图书分类的工具书。它根据图书资料的特点,按照从总到分,从一般到具体的编制原则,形成了五个基本部类、二十二个大类的分类体系,其中,五个基本部类是:马列毛邓;哲学;社会科学;自然科学;综合性图书。每个基本部类再根据学科性质划分二级类目。

在分类过程中,要明确几个概念:

(1) 类是具有某种共同属性的事物的集合。

(2) 类名是表示一类事物的概念,也叫类目。

(3) 上位类是指被划分的类,又叫母类、属概念。

(4) 下位类是指经过一次划分所形成的概念,又叫子类、种概念。

(5) 同级类是指被划分出的各子类之间的关系,是并列概念。它们之间既有母类的共同属性,又有各自的特殊属性。

在分类操作中,我们还要遵循一般规则:

(1) 一个标准原则。每次对事物进行划分,只能使用一个标准,不能出现多个标准的分类,否则会导致子类之间交错重复、结果混乱。

(2) 穷尽原则。每次对事物进行划分,应该穷尽被区分类的外延,不能出现没有被区分或无法区分的事物。

(3) 互斥原则。每次对事物进行划分,划分后的子类应相互排斥,界限分明。

案例:钢是铁、碳和少量其他元素的合金。钢是现代社会生产建设中不可或缺的重要金属材料,特别是在建筑业、制造业乃至人们日常生活中都发挥着极其重要的作用。但由于不同行业、不同环境、不同零件、不同用途对钢的质量和属性有不同的要求,因此,生产和冶炼不同种类的钢是一件重要的工作,对钢进行科学的分类就是一件重要的、基础性工作。如图 2-11 所示。

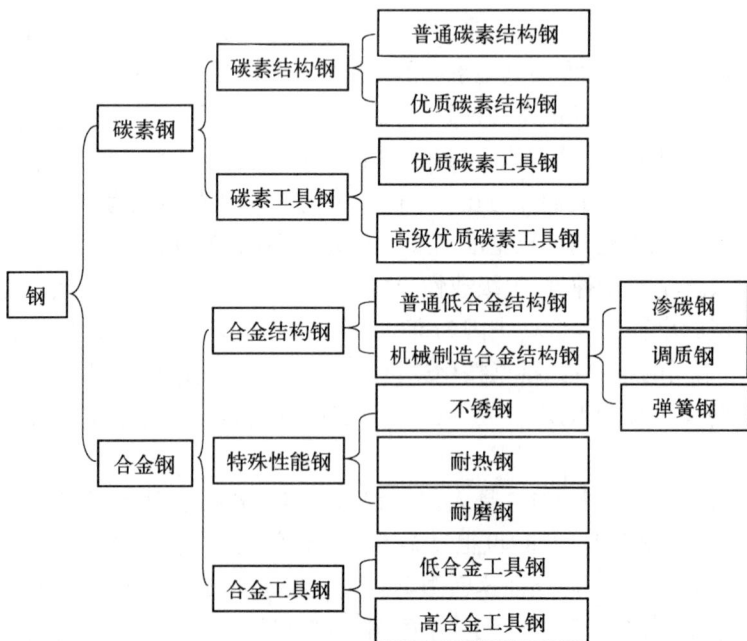

图 2-11　钢的分类

按化学成分来分,钢可分为:碳素钢和合金钢。

按用途来分,钢可分为:结构钢、工具钢和特殊性能钢。特殊性能钢又可分为不锈钢、耐热钢、耐磨钢。

按质量来分,钢可分为:普通钢、优质钢和高级优质钢。

按成形方法来分,钢可分为:锻钢、铸钢、热轧钢、冷拉钢。

分类,是人类认识大千世界的一种有效方法,它把世界条理化,使表面上杂乱无章的世界变得井井有条;它使事物有序化,使表面上纷繁复杂的事物变得井然有序,从而极大地提高人们的认识能力和工作效率。

(三)抽象与概括

抽象与概括是人类思维过程的重要环节,是从具体共同性的事物中揭示其本质意义的两种思维活动。

1. 抽象

抽象是指从客观事物中抽取和概括一般的、本质的属性的思维方法。它在分析、综合、比较的基础上,从众多事物中抽取共同方面、本质属性和关系,而舍弃个别的、非本质的方面、属性和关系。例如,针对香蕉、苹果、梨、葡萄、枇杷、西瓜、桃子等果实,尽管它们的形状、颜色、味道都各不相同,但它们都是含水分和糖分较多的植物果实,这就是它们共同的特性,因此,把它们称为"水果",这就是一个抽象的过程,抽象是形成概念的必要过程和前提。从众多事物中抽取本质的、共同的属性,不是一件简单的事情,抽象往往从感性认识出发,需要通过分析和比较,找到事物的共同点,舍弃其他差异性的内容和联系,再通过综合提炼出简单的、基本的规定,这就是合理的抽象。分析、比较、综合是抽象的基础,没有有效的分析、清晰的比较、高度的综合,就找不到事物的异同,也就无法区分事物的本质属性和非本质属性。由于分析、比较和综合的角度、内容的差异,抽象过程也是千差万别的,但不管抽象形式怎么变化,它们都包含"分离—提纯—简略"的基本过程。

分离,就是暂时不考虑考察对象与其他各个对象之间的种种联系。比如,要研究某事物的物理性质,就要暂时撇开其化学性质、生物性质、数学性质。这是抽象的第一步。

提纯,就是在思维中排除那些模糊的基本过程以及忽视非本质因素,在纯粹状态下对研究对象的性质和规律进行考察。这是抽象过程最关键的一步。

简略,就是对提纯结果做进一步简化表达的处理。这也是抽象过程的一个必要环节。

抽象,按内容特点可分为表征性抽象和原理性抽象。所谓表征性抽象,是从观察现象的特征开始的一种初始抽象。它是对物体特征的抽象,如"形状""颜色""重量""温度"等是关于物体物理性质的表面特征,这种抽象属于表征性抽象。原理性抽象,是在表征性抽象的基础上形成的一种深层抽象,是把握事物的因果关系与规律性的联系。这种抽象的结果是性质、定律或原理,如杠杆原理、自由落体运动定律、牛顿万有引力定律、化学元素周期性定律等都属于原理性抽象。

2. 概括

概括是指把抽象出来的个别事物的本质属性连接起来,推及到其他同类事物上,从而归结此类事物的共性的思维方法。它是人脑对各种对象、关系或运算在分析和比较的基础上，摆脱具体内容，抽取相似的、一般的和本质的东西，综合这些共同本质特征，推广到同一类事物的过程。根据层次水平的不同，概括可分为初级概括和高级概括，苏联心理学家鲁宾斯坦就把概括分为初级的"经验概括"和高级的"理论概括"。初级概括是在感知觉或表象水平上的概括，是对事实或感性知识材料的总结，是关于某类事物共同属性的概括，如中学生对动物、植物、蔬菜、水果、家电、家具等熟悉的事物能够进行初级的经验概括，形成初级的概念。高级概括是在把握事物的本质特征的基础上进行的概括，是理性认知材料的概括，是概括的高级形式。比如，各种植物结的果子，虽然形状、大小、颜色、味道都不同，但人们观察后也发现了它们的共同本质特征，可概括为它们都生长在植物上，并且内部都有种子，再把这两个基本属性综合起来，就概括出"果实"的概念，这就是高级概括。概括在人的思维活动有非常重要的作用，它摆脱了事物的具体内容，对各种对象、关系或运算，抽取相似的、一般的和本质的东西，从而形成概念。没有概括就没有概念，没有概念也就无法进行判断和推理，无法开展逻辑思维。

概括能力是指把不同事物或同一事物的不同部分、不同方面、不同特性中的一般性东西发掘并联合起来的能力。概括能力是思维能力的重要表现。据冯梦龙《古今谭概》记载，欧阳修在翰林院任职时，常常与同院他人出游。一次，见有匹飞驰的马踩死了一只狗。欧阳修提议："你们分别来记叙一下此事。"一人说："有犬卧于通衢，逸马蹄而杀之。"另一人说："有犬卧于通衢，卧犬遭之而毙。"欧阳修听后笑道："像你们这样修史，一万卷也写不完。"二人连忙请教："那你如何说呢？"欧阳修道："逸马杀犬于道。"那二人脸红地相互笑了起来，为欧阳修为文简洁所折服。可见，欧阳修有高度的概括能力。

（四）具体化与系统化

具体化是人脑把经过抽象、概括而获得的概念、原理和理论运用到某一具体对象上去的思维过程，也是人们利用一般原理去解决具体问题、实际问题的思维过程。具体化属于认识发展环节，它把抽象的理性认识与具体的感性认识结合起来，促进人的认识更加准确、更加深刻，并不断丰富、扩大和发展，从而使人们能更好地理解和掌握一般原理和规律，也能有效避免理论脱离实际的现象发生。通过具体化的思维过程，把理论运用于实践，用实践来检验理论，从而判断出人们抽象概括的原理或规律的真实性和可靠性。

系统化是人们在头脑中根据事物的一般特征和本质特征，按照一定的顺序和层次把事物分门别类地组成一定系统的思维过程，如化学家发现，原子的核外电子排布和性质有明显的规律性，他们按照元素的原子序数递增来排列元素，将电子层数相同的元素放在同一行，将最外层电子数相同的元素放在同一列，从而创建了化学元素周期表。生物学家按照界、门、纲、目、科、属、种的顺序，把世界上的不计其数的生物进行分类，形成了当前最流行的五界系统：原核生物界、原生生物界、菌物界、植物界和动物界。

分析、综合、比较、分类、抽象、概括、具体化和系统化的思维过程，既是相互区别的又是相互联系的，它们辩证统一地贯穿于人们的思维活动过程中，只有这些思维活动有效开展，才能推动人们的认识从简单到复杂、从感性到理性的飞跃和升华。

三、思维的种类

人的思维是非常深奥和复杂的事情,为了深入了解思维、训练思维和更好地开发培养思维能力,人们通常从不同的角度对思维做不同分类:

① 按照思维的方式不同,把思维分为感性思维与理性思维;

② 按照思维的层次不同,把思维分为系统性思维与片面性思维;

③ 按照思维活动的方向不同,把思维分为聚合思维和发散思维;

④ 按照思维是否遵循逻辑规律,把思维分为直觉思维和分析思维;

⑤ 按照思维创造性的程度不同,把思维分为常规思维和创造思维;

⑥ 按照思维的对象不同,把思维分为动作思维、形象思维和抽象思维。

这里,先简单介绍一下动作思维,形象思维和抽象思维将在后续章节介绍。

动作思维(action thinking),亦称为直观动作思维,是依赖于实际动作来解决问题的思维方式。其基本特点是思维与动作不可分离,实际动作是动作思维的支柱,离开了动作就不能思维。动作思维一般是在人类或个体发展的早期所具有的一种思维形式,是依据当前的感知觉与实际操作而不是表象和概念的思维,如儿童扳着指头数数就属于动作思维,如图 2-12 所示。

图 2-12　儿童扳指头数数

思政联结

1. 习近平总书记治国理政的科学思维方式
2. 习近平总书记强调的思维方法
3. 习近平总书记倡导的五种思维方式

☞ 扫码见全文《习近平总书记治国理政的科学思维方式》　　☞ 扫码见全文《习近平总书记强调的思维方法》　　☞ 扫码见全文《习近平总书记倡导的五种思维方式》

训练题

一、选择题

1. 将思维的特质描述为"我思,故我在"的哲学家是(　　)。

　　A. 安瑟林　　　　　　　　　　B. 笛卡儿

　　C. 奥卡姆　　　　　　　　　　D. 阿奎那

2. 人类之所以需要运用分析与综合相结合的科学思维方法,是由( )决定的。

  A. 逻辑思维过程   B. 认识的根本任务

  C. 事物的客观性质   D. 素质教育的培养目标

3. 分析与综合相结合的具体方法很多,贯穿于其中的核心是( )。

  A. 归纳的方法   B. 演绎的方法

  C. 从具体到抽象的方法   D. 矛盾分析的方法

4. 既属于思维的根本属性又属于创新思维的根本属性的是( )。

  A. 创新性   B. 发散性   C. 超越性   D. 综合性

5. 把事物的整体分解为若干部分进行研究的技能和本领是( )。

  A. 实践能力   B. 分析能力   C. 综合能力   D. 创造能力

6. 思维具有辨别真假、好坏、对错的特征,这是指( )。

  A. 思维的批判性   B. 思维的概括性   C. 思维的内隐性   D. 思维的逻辑性

二、简答题

1. 什么是分析?为什么要分析?分析在认识过程中有什么作用?

2. 什么是综合?为什么要综合?综合在认识过程中有什么作用?

3. 分析与综合有何区别和联系?

4. 恩格斯说:"思维既把相互联系的要素联合为一个统一体,同样也把意识的对象分解为它们的要素。"

(1) 这里的"联合""分解"的含义各是什么?

(2) 为什么既要"联合"又要"分解"?

三、分类训练题

1. 选择不同的分类标准,对"人"进行合理分类。

2. 选择不同的分类标准,对"动物"进行合理分类。

3. 选择不同的分类标准,对"植物"进行合理分类。

4. 选择不同的分类标准,对"计算机"进行合理分类。

四、运用要素分解法对"水杯""自行车""电脑"进行分解。

五、运用层次分析法对"学校""医生""技术人员"进行分层。

第三节

形象思维

我们每时每刻都能从外部世界获取大量的知识和信息,这些知识或信息在人脑中主要以表象或概念加以表征,人的思维活动就是通过对表象或概念的加工来实现对客观世界的认识。其中,以表象为加工对象的思维属于形象思维,以概念为加工对象的思维属于抽象思维。

一、表象

表象是指基于知觉在人脑中形成的感性形象,包括记忆表象和想象表象。记忆表象是指感知过的事物不在人的面前时而在人脑中再现出来的事物形象。想象表象是指对知觉形象或记忆表象进行一定的加工改造而形成的新形象。表象根据形成时的不同主要感觉通道,可分为视觉表象、听觉表象、嗅觉表象、味觉表象、触觉表象等。

首先,需要了解感觉与知觉的关系。

感觉是客观事物作用于感觉器官而产生的对事物个别属性的反映。它是人的最简单的认识形式,一个人对客观事物的认识就是从感觉开始的。例如,当苹果作用于人的感觉器官时,人们通过视觉来反映它的颜色,通过味觉来反映它的味道,通过嗅觉来反映它的气味,通过触觉来反映它的光滑程度。感觉虽然是一种比较简单的心理过程,但是它对我们的生活实践和生存发展具有重要的意义,一个人有了正常的感觉,才能分辨外界各种事物的属性,如颜色、声音、大小、粗细、软硬、轻重、味道、温度、气味;有了正常的感觉,才能了解自身各部分的运动和状态,如姿势、位置、饥饿、疼痛、呼吸、心跳等。感觉是知觉、记忆、思维等各种复杂心理过程的基础,一个人只有具备正常的感觉,才能进行其他复杂的认识过程,因此,感觉是人类关于世界的一切知识的源泉。

知觉是客观事物直接作用于感觉器官而在头脑中产生的对事物整体的认识。人们对客观事物个别属性的认识是感觉,对同一事物各种感觉的结合就形成了这一物体的整体认识,也就是对这一物体的知觉。

知觉来自感觉,但又不同于感觉。感觉只反映事物的个别属性,而知觉是对事物的整体认识;感觉是单一感觉器官的活动结果,而知觉是各种感觉协同活动的结果;感觉不依赖于个人的知识和经验,而知觉会受个人知识和经验的影响,不同的人对同一物体的感觉是相似的,但对它的知觉往往是有差别的,知识和经验越丰富的人对物体的知觉越全面、越完善。

另外,还需要了解表象与知觉的区别。

知觉是当客观事物作用于感觉器官时产生的认识,而表象是这种作用消失后在人脑中继续存在的形象,也就是事物不在面前时人脑中出现的关于事物的形象。有些表象是对动态或静态知觉的再现,这是记忆表象;有些表象是对知觉的重组或概括,这就是想象表象。

二、形象思维

1. 形象思维的概念

形象思维(imaginal thinking)是利用直观形象和表象来解决问题的思维。其中,直观形象是直接感知到的事物的形状和姿态;表象是指事物不在面前时,人们在头脑中出现的关于事物的形象,是过去感知过的事物形象在头脑中的再现过程。

2. 形象思维的特点

形象思维有以下几个鲜明的特点:

(1) 形象性。形象思维所反映的对象是事物的形象(形状和姿态),其表达工具和手段是能为感官所感知的图形、图像、图式和形象性的符号。

(2) 非逻辑性。形象思维对信息的加工不是一步一步、首尾相接、推理式进行,而是可以调用许多形象性材料,聚合成新的形象,或者跳跃性形成另外的形象。形象思维不是严密性、推理性思维,而是或然性、似真性思维,其结果有待逻辑论证或实践检验。

(3) 粗略性。形象思维对事物的分析主要是定性的,对事物的把握是笼统的,对事物的反映是粗线条的。在实际问题的解决过程中,形象思维多用于事物的定性分析,往往还需要与抽象思维巧妙结合,共同形成问题解决方案。

(4) 想象性。形象思维一般不满足于对已有形象的再现,而擅于追求对已有形象的加工,输出新的形象。所以,形象性的特点也使形象思维表现出创造性的优点。

3. 形象思维的作用

在日常生活、学习、工作、研究、创作等环境中,往往都会运用形象思维来分析、判断或创新,它有着比较广泛的用途和作用。

(1) 根据直观形象做出判断

在公共场所,我们经常见到下列这个标记,如图 3-1 所示。由此,我们得知:此处禁止吸烟。

这个标记是由一支冒烟的香烟、一个红色的圆圈和红色的反斜杠组成,圆圈代表一个区域,红色表示提醒人们注意,香烟上面的反斜杠表示否定、不允许。当人们一见到这个标记时,就感知到香烟、圆圈、反斜杠这几个符号,并把它们结合起来做出直观形象思维,根据形象思维的结果迅速做出判断:此处抽香烟是不允许的。

图 3-1 禁烟标记

这种引发人们直观形象思维的符号、标记在日常生活中非常普遍,请大家说出下列 5 个标记的含义。

    (1)   (2)   (3)   (4)   (5)

在日常生活中,在公共场所,我们经常见到图 3-2、图 3-3 的标识,图中没有文字说明,但通过服饰的差别,高跟鞋与烟斗的特性,可以看出,左边表明是女洗手间,右边表明是男洗手间。

图 3-2

图 3-3

(2)用直观形象来表达创意

创意是人们对传统常规事物的叛逆,是破旧立新的创造,是具有新颖性和创造性的想法。这种想法有时很新奇,有时很复杂,有时难以名状,有时不易用语言和概念来表达,相反,如果借用直观形象来表示,往往会极大地引发人们的兴趣和好奇心,会直接展示出复杂的内涵和关系,会直白地表达出新奇和亮点,会最大限度地激发人们的思考和想象,往往会产生此处无言胜有言,此时无声胜有声的效果。

4. 形象思维的方法

(1)模仿。以某种物体为参照,模仿它的形状或功能结构,通过制作、改造来产生新事物的方法,如模仿飞鸟发明飞机,模仿鱼的形状和鳔的伸缩发明潜水艇,模仿蝙蝠探路的办法发明雷达。人类很多发明创造都是通过对前人的成果或自然界物体的模仿而产生的。

(2)想象。在人脑中抛开某事物的实际情况,对已储存的表象进行加工改造形成新形象。它能超越事物的现实和基础,突破时间和空间的约束,展望新的事物,预见未来的作用。想象是科学研究和生产创作的重要手段。

(3)组合。从两种或多种事物中抽取一定的、合适的要素进行重新组合,构造出新的事物或产品。将不同事物中有效的、特殊的要素抽取出来重新组合,发挥各自物体的长处或特点,形成优势集聚效应。常见的组合方式有同类组合、异类组合、主体附加组合、重组组合。

(4)移植。将一个领域的基本原理、方法、结构、功能、材料或用途等方面移植到另一个领域来产生新的事物。这种跨领域的理论借鉴和方法使用往往会突破单一领域内思维的局限性,生成新的解决方案,产生意想不到的效果。

形象思维是人类认识世界、反映世界的一种重要思维活动。毛泽东在《人的正确思想是从哪里来的?》一书中指出:"无数客观外界的现象通过人的眼、耳、鼻、舌、身这五个官能反映到自己的头脑中来,开始是感性认识。这种感性认识的材料积累多了,就会产生一个飞跃,变成了理性的认识,这就是思想。"通过形象思维形成感性认识,再由感性认识上升到理性认识,这是人类认识客观世界的普遍规律。

形象思维具有想象性的特点,加强形象思维训练是培养人的想象力的重要途径,想象力是一个人的创造力的重要表现。正如爱因斯坦所说:"想象力比知识更重要,因为知识是有限的,而想象力概括世界上的一切,推动着进步,并且是知识进化的源泉。严格说,想象力是科学研究中的实在因素。"[①]

三、形象思维的案例

图 3-4 消防器材的广告

案例 1:观察图 3-4 的图片,说说它的创意

这是一副雨伞与灭火器的组合图片,雨伞是遮风挡雨的工具,人们常说,晴带雨伞,饱带干粮,雨伞是用来以防下雨之用。灭火器是用来灭火的工具,配备灭火器是以防火灾的发生。雨伞与灭火器虽然有不同的功能,但两者都有防备意外发生的作用,所以两者的结合是双重保险,充分体现了有备无患的安全意识和警戒意识,具体形象,简洁明了,寓意清晰,印象深刻。

图 3-5 一番榨啤酒的广告

案例 2:观察图 3-5 的图片,说说它的创意

这个图片的主体是一个瓶子形状的物品,而组成这个瓶子的材料是麦穗,麦穗与瓶子有何关系?容易让人想到瓶子是用来装水、装酒、装饮料的等等,麦穗与水、酒、饮料等物质之间有何联系呢?根据经验,小麦可以酿造啤酒,这个瓶子可以用来装啤酒,这就意味着这款啤酒是纯小麦酿制的,可见,这是一款优质、纯酿的高品质啤酒。以此作为一番榨啤酒的广告,把清新爽口、品质优良、纯天然酿造的特征做了充分的表达,给人一种信任、期待和想象。

图 3-6 高跟鞋车

案例 3:观察图 3-6 的图片,说说它的创意

这个图片整体上是一只粉红色女式高跟鞋,下面安装了车轮、发动机,鞋内有人驾驶着方向盘,粉红色、高跟鞋,这些女性的特征与车轮、发动机、方向盘的结合,就意味着这是一款专为女士打造的、款式新颖的、造型别致的汽车。

---

① 陈树林:《形象思维的内在运演机制及其本质特征》,载《学术交流》,1990(6)。

案例 4: 观察图 3-7 的图片,说说它有何创意

图 3-7 孕妇咨询
中心的广告

这个图片上有一个倒立的问号,上面一点表示人头,下面曲线像孕妇的体态,合起来就是孕妇的简易轮廓,代表孕妇的形象。问号形象表达了孕妇的疑问、困惑、焦虑和需要咨询、帮助、指导等信息。粉红色的背景给人以温馨的感觉和新生命诞生的希望。整个画面直观形象、简洁明了,把孕妇的形态特征、孕妇的含羞特点和孕妇的咨询诉求有机结合起来,作为孕妇咨询中心的广告,令人叫绝。

案例 5: 一艘吉他船的故事

图 3-8 乔希·派克的吉他船

乔希·派克是澳大利亚一个比较有名的创作型音乐家,他酷爱的乐器是一把 CW80E 的木吉他。当年,他在创作新单曲 *Make You Happy* 拍摄工作时,突然萌发出要驾着吉他船去拍视频的新奇想法。于是,他就委托吉他制造商专门为他量身定做了一艘吉他船,如图 3-8 所示。

后来,这个 MV 相当成功,一面世就吸引了大家的广泛关注,迅速占领了各大媒体的头条,让乔希·派克着实红了一把。

案例 6: 伽利略挑战亚里士多德

公元前 300 多年,古希腊科学家亚里士多德(公元前 384~322 年)研究自由落体后提出,物体从高空落下的快慢与物体的重量成正比,重的物体下落快,轻的物体下落慢。当时科学界把亚里士多德视为"学问之神",认为他说过的话都是真理,因此亚里士多德的自由落体理论影响了其后两千多年的人。直到 16 世纪,物理学家伽利略(公元 1564~1642 年)提出了反对意见,他在《两种新科学的对话》中写道:依照亚里士多德的理论,假设有两块石头,小的重量为 4,大的为 8,如果小的下落速度为 4,那么按照亚里士多德的理论,大的下落速度就为 8。如果把两块石头绑在一起,下落慢的石头就会拖慢快的石头,所以绑在一起的石头下落速度就应该在 4~8 之间。但是,两块绑在一起的石头总重量为 12,按照亚里士多德的理论,它们的下落速度就应该大于 8,这就陷入了自相矛盾的境界。由此,伽利略推断物体下落的速度不是由其重量决定的。他在书中设想,自由落体运动的速度是匀速变化的。伽利略这一想象为后来著名的"比萨斜塔实验"奠定了基础,从而推翻了亚里士多德的错误论断,也为实践是检验真理的唯一标准提供了生动的例证。

思政联结

1. 习近平总书记亲民漫画发布 为"习式执政"点赞

2. 在习近平总书记新年贺词里，读懂这三种中国形象

3. 人生的扣子从一开始就要扣好

☞ 扫码见全文《习近平亲民
漫画发布》

☞ 扫码见全文《读懂三种
中国形象》

☞ 扫码见全文《人生的扣子
从一开始就要扣好》

训练题

一、简答题

1. 当有人把一朵玫瑰花从你面前拿走，说说你头脑中的表象是什么？

2. 感觉与知觉的联系与区别是什么？

3. 表象与知觉的联系与区别是什么？

4. "水果"这个概念的内涵与外延是什么？

5. "计算机"这个概念的内涵与外延是什么？

6. 什么是形象思维，它有哪些特点？

7. 形象思维常用的方法有哪些？

二、创作训练题

1. 请你列举三个运用模仿方法进行创造的事例。

2. 请你运用想象的方法创造出三个新的事物。

3. 请你运用组合的方法创造出三个新的事物。

4. 假如我们每只手都长了 6 根手指，那么日常生活中用的扳手、钳子等工具应该设计成什么样的？

5. 请你充分发挥想象，依据"深山藏古寺"这个题目来创作一幅画。

抽象思维

抽象思维是人类特有的一种思维形式,更是思维的高级形态。人类认识世界,从具体到抽象,从感性认识到理性认识,这是一般规律,这个认识过程必须要运用抽象思维方法。人们在学习、工作和生活中,经常需要大量使用抽象思维来判断和解决各种问题。

一、概念、判断和推理

1. 概念

概念是人类在认识世界的过程中,把所感知的事物的共同本质特点抽象出来加以概括,所形成的一种自我认知意识的表达方式,是人类思维体系中最基本的构筑单位。德国工业标准把"概念"定义为"通过使用抽象化的方式从一群事物中提取出来的反映其共同特性的思维单位"。中华人民共和国国家标准 GB/T 15237.1—2000 将"概念"定义为"通过对特征的独特组合而形成的知识单元"。心理学认为,概念是人脑对客观事物本质的反映,概念表达的语言形式是词或词组。概念既是思维活动的结果和产物,也是思维活动赖以进行的基本单元。概念有内涵与外延之分,概念的内涵是指这个概念的含义,即概念所反映的事物对象所特有的属性,如"商品是用来交换的劳动产品",在这里,"用来交换的劳动产品"就是"商品"概念的内涵。概念的外延是指这个概念所反映的事物对象的适用范围,即具有概念所反映的属性的事物或对象,如我国《森林法》把"森林"分为防护林、用材林、经济林、薪炭林、特殊用途林,这就是"森林"概念的外延。一个概念的内涵与外延具有反比关系,概念的内涵越多,其外延就越小,相反,概念的内涵越少,其外延就越大。对一个概念的理解和把握,关键就是要明确概念的内涵和外延,下定义是明确概念内涵的逻辑方法,划分是明确概念外延的逻辑方法。

2. 判断

判断在社会生活中非常重要,无处不在,一个人、一个组织、一个团体、一个民族、一个国家在生存和发展过程中,时时刻刻都需要做出判断。那什么是判断呢? 判断是人脑对思维对象是否存在、是否具有某种属性以及事物之间是否具有某种关系的肯定或否定。社会生活纷繁复杂、千变万化,只有及时、准确、科学地做出是与否、好与坏、优与劣、对与错、大与小、多与少、高与低、进与退、快与慢、动与静、坚持与放弃、分工与合作、和平与战争等一系列的判断,才能避免危害,抓住机遇,赢得发展。判断是用概念来对事物的情况做出断定的思维形式,属于理性认识阶段,一般有三个特点:① 每个判断一般都包含两个以上的概念,如儿童是祖国的花朵,儿童和祖国的花朵就是两个概念;② 每个判断都反映了概念之间的关系;③ 每个判断都是对某一个事物的某种性质的肯定或否定。只有符合客观事实的判断才是真实的判断,不符合客观事实的判断就是虚假的判断。

3. 推理

推理是从一个或几个已知的判断推导出另一个新判断的过程。按照推理过程的思维方向不同,推理可以分为演绎推理、归纳推理和类比推理。演绎推理是由普遍性的前提推出特殊性结论的推理。例如,金属能导电,这是普遍性前提;铜是一种金属,所以,铜也能导电,这就是特殊性的结论。归纳推理是由特殊的前提推出普遍性结论的推理,是由个别到一般的推理。例如,在平面几何中,锐角三角形内角和是 180 度,直角三角形内角和是 180 度,钝角三角形内角和是 180 度,所以,平面内所有三角形内角和都是 180 度。类比推理是从特殊性前提推出特殊性结论的推理。人们通常根据两个对象在某些属性上相同,推断出它们在其他属性上也相同,这种推理也被称为类推、类比。例如,光和声有一些相同的属性:直线传播、反射、折射现象,以此类推,光和声一样,也有波动性质。

二、抽象思维

1. 抽象思维的概念

抽象思维(Abstract Thinking),又叫逻辑思维,是人们运用概念、判断、推理等形式进行的思维。抽象思维主要是凭借抽象概念来反映事物的本质和客观规律,是在对事物进行分析、综合、比较的基础上,抽取本质属性,使认识从感性的具体进入抽象的规定,形成概念,使人们获得远远超出靠感觉器官直接感知的知识,从而使人的认识进入理性认识阶段。

抽象思维作为一种重要的思维类型,它在分析事物时抽取事物最本质的特性形成概念,并运用概念进行推理和判断。抽象思维的基本单位是概念,概念、判断、推理是抽象思维的基本形式。这种以词为中介来反映现实的思维,是抽象思维最本质的特征,也体现了抽象思维的概括性、间接性和超然性的特点。

2. 抽象思维的基本方法

人们运用分析、综合、归纳、演绎方法来形成概念,并确定概念之间的演绎关系、概念内涵与概念外延的数量属性关系。这样一套通过概念和概念间的关系来考察事物和把握事物变化规律的思维方法就是抽象思维方法。

分析是在头脑中把事物或对象由整体分解成各个部分或属性,通过对各部分的考察,形成概念或确定概念之间的关系。

综合是把事物的各个部分用概念来表达,并按照某种内在联系将各个部分、各属性联合成一个统一的整体。

归纳是指从许多个别事物中概括出一般性概念、原理或方法的思维过程。归纳可分为完全归纳法和不完全归纳法。完全归纳法是以某类事物中每一对象都具有或不具有某一种属性为前提,推出该类对象全部具有或不具有该种属性为结论的归纳推理,如全世界共有 4 个大洋,据考察发现太平洋已经被污染,大西洋已经被污染,印度洋已经被污染,北冰洋已经被污染,所以,人们归纳出"地球上的所有大洋都已经被污染"。李老汉家有三个孩子,李一考上了北大,有出息;李二考上了清华,有出息;李三考上了交大,有出息。所以,我们归纳出"李老汉家的孩子都有出息"。完全归纳法是前提包含这类对象的全体,每个对象都具有某种属性,从而对这类对象作出一般性结论的方法。不完全归纳法又称简单枚举归纳法,是通过观察和研究,发现某类事物存在某种属性,并且在不断重复过程中没遇到反例,从而判断这类对象都具有这一属性的推理方法。简单枚举归纳法的结论带有偶然性,可能为真,也可能为假。

演绎是从事物的一般原理推演出事物特殊情况下的结论的推理过程。演绎作为一种抽象思维的方法,也称作演绎法,是从普遍性理论知识出发,去认识个别的、特殊的现象的一种逻辑推理方法。演绎的主要形式是三段论式,即大前提、小前提和结论三部分。

(1)大前提,是已知的某类事物的一般原理或结论,如 A 是 B;

(2)小前提,是这类事物中个别的、特殊事物的判断,如 C 是 A;

(3)结论,是从一般原理出发,对个别事物做出的判断,所以,C 是 B。

归纳和演绎是人类认识最早、运用最广泛的思维方法。它思维的对象是个别与一般的关系,是事物和概念之间的外部关系。

抽象思维与形象思维不同,它不是以人们感觉到或想象到的具体事物为思维起点,而是以抽象概念为起点来进行思维,它暂时撇开偶然的、繁杂的、具体的、零散的事物表象,通过抽取事物的本质和共性形成概念,进一步做出推理和判断。当事物从抽象概念上升到具体概念时,具体的事物才得到再现。

三、创新思维的典型案例

案例:爱因斯坦推理问题

在一条街上,有 5 栋房子,喷了 5 种颜色,每个房子里住着不同国籍的人,每个人喝不同的饮料,抽不同品牌的香烟,养不同的宠物。请你根据以下线索来判断:是谁家在养鱼当宠物?

提示:

(1)英国人住红色房子

(2)瑞典人养狗

(3)丹麦人喝茶

(4)绿色房子在白色房子左边

(5)绿色房子主人喝咖啡

(6)抽 PallMall 牌香烟的人养鸟

（7）黄色房子主人抽 Dunhill 牌香烟

（8）住在中间房子的人喝牛奶

（9）挪威人住第一间房子里

（10）抽 Blends 牌香烟的人住在养猫的人隔壁

（11）养马的人住抽 Dunhill 牌香烟的人隔壁

（12）抽 BlueMaster 牌的人喝啤酒

（13）德国人抽 Prince 牌香烟

（14）挪威人住蓝色房子隔壁

（15）抽 Blends 牌香烟的人有一个喝矿泉水的邻居

推理分析：

第一步：要素分析

1. 所有线索包括的要素

经过分析可以看出，这些线索包含五种要素，每种要素又包含 5 个元素。

颜色：红色、绿色、白色、黄色、蓝色

国籍：英国、瑞典、丹麦、挪威、德国

饮料：茶、咖啡、牛奶、啤酒、矿泉水

香烟：PallMall、Dunhill、Blends、Blue Master、Prince

宠物：狗、鸟、猫、马、鱼

2. 所有线索涉及的关系类型

15 个线索对五种要素 25 个元素所反映出来的关系可以分为三种类型：

第一类：绝对位置（8、9）

第二类：相对位置（4、10、11、14、15）

第三类：对应关系（1、2、3、5、6、7、8、12、13）

第二步：推理判断

为了更清晰、更方便地反映出每一条线索提供的元素关系和相互之间的关系，我们用一张包含五种要素的表格来登记相应元素，并把确定的元素用底纹标注出来。见表 4-1。

表 4-1　爱因斯坦推理问题元素登记表

序号	房屋	国籍	饮料	宠物	香烟
1					
2					
3					
4					
5					

首先找绝对位置线索。第 8 条"住中间房子的人喝牛奶"，第 9 条"挪威人住在第一间

房子里"。所以,挪威人住 1 号房子,喝牛奶的人住 3 号房子。见表 4-2。

表 4-2 爱因斯坦推理问题元素登记表(1)

序号	房屋	国籍	饮料	宠物	香烟
1		挪威人			
2					
3			牛奶		
4					
5					

然后根据第 14 条"挪威人住蓝色房子隔壁",所以,第 2 号房子是蓝色,见表 4-3。

表 4-3 爱因斯坦推理问题元素登记表(2)

序号	房屋	国籍	饮料	宠物	香烟
1		挪威人			
2	蓝色				
3			牛奶		
4					
5					

由第 4 条"绿房子在白色房子左边",可知:绿房子和白房子一定在蓝房子右边,因为左边只有一个位置,不可能放下两个房子。又由第 1 条"英国人住红色房子",而 1 号房子已经被挪威人住了,那么英国人的房子就不是 1 号房子,所以 1 号房子不可能是红、绿或白色房子,只能是黄色房子。见表 4-4。

表 4-4 爱因斯坦推理问题元素登记表(3)

序号	房屋	国籍	饮料	宠物	香烟
1	黄色	挪威人			
2	蓝色				
3			牛奶		
4					
5					

根据第 7 条"黄色房子主人抽 Dunhill 牌香烟",可知:挪威人抽 Dunhill 香烟。再根据第 11 条"养马的人和抽 Dunhill 烟的人相邻",所以住蓝色房子的人养马。见表 4-5。

表 4-5 爱因斯坦推理问题元素登记表(4)

序号	房屋	国籍	饮料	宠物	香烟
1	黄色	挪威人			Dunhill
2	蓝色			马	
3			牛奶		
4					
5					

根据第 5 条"住在绿色房子的人喝咖啡",第 4 条"绿房子紧挨着白房子,在白房子的左边",说明绿房子只可能是 3 号或 4 号,而 3 号房子的主人喝牛奶,所以绿房子不可能是 3 号,就一定是 4 号。然后很容易推出 5 号房子是白色,那么红房子就是 3 号。第 1 条"英国人住在红色房子里"。见表 4-6。

表 4-6 爱因斯坦推理问题元素登记表(5)

序号	房屋	国籍	饮料	宠物	香烟
1	黄色	挪威人			Dunhill
2	蓝色			马	
3	红色	英国人	牛奶		
4	绿色		咖啡		
5	白色				

第 15 条"抽 Blends 牌香烟和喝矿泉水的人相邻",不能确定位置关系,我们可以假设。

首先,很明显抽 Blends 的人不住在白房子里。因为他与喝矿泉水的人相邻,而唯一与他相邻的人却喝咖啡。

再假设抽 Blends 香烟的人住绿房子,那么喝矿泉水的人就肯定住白房子(第 15 条)。再看第 3 条"丹麦人喝茶",那么红房子主人喝牛奶,绿房子主人喝咖啡,白房子主人喝矿泉水,而黄房子住了挪威人,所以丹麦人只能住蓝房子,他喝茶。那么除了黄房子以外的所有房子的主人喝的饮料都确定了,所以住黄房子的挪威人喝啤酒。见表 4-7。

表 4-7 爱因斯坦推理问题元素登记表(6)

序号	房屋	国籍	饮料	宠物	香烟
1	黄色	挪威人	啤酒		Dunhill
2	蓝色	丹麦人	茶	马	
3	红色	英国人	牛奶		
4	绿色		咖啡		Blends
5	白色		矿泉水		

再由第 12 条"抽 BlueMaster 的人喝啤酒",而在这个假设中,喝啤酒的人是抽 Dunhill 香烟的,矛盾。所以抽 Blends 香烟烟的人不可能住在绿房子里。

由此可知,抽 Blends 香烟的人只可能住在红房子或蓝房子里。

再假设抽 Blends 香烟的人住在红房子里,那么根据第 15 条"抽 Blends 牌香烟的人有一个喝矿泉水的邻居",喝矿泉水的人就只能住在蓝房子里。由第 3 条"丹麦人喝茶",丹麦人就只能住在白房子里。那么喝啤酒的人又只能住在黄房子里,这也与第 12 条相矛盾。所以,抽 Blends 香烟的人也不能住在红房子里。见表 4 - 8。

表 4 - 8　爱因斯坦推理问题元素登记表(7)

序号	房屋	国籍	饮料	宠物	香烟
1	黄色	挪威人	啤酒		Dunhill
2	蓝色		矿泉水	马	
3	红色	英国人	牛奶		Blends
4	绿色		咖啡		
5	白色	丹麦人	茶		

所以,排除了抽 Blends 香烟的人住黄房子、红房子、绿房子和白房子的可能,那么抽 Blends 香烟的人只能住在蓝房子里。那么由第 15 条可轻松知道挪威人喝矿泉水。见表 4 - 9。

表 4 - 9　爱因斯坦推理问题元素登记表(8)

序号	房屋	国籍	饮料	宠物	香烟
1	黄色	挪威人	矿泉水		Dunhill
2	蓝色			马	Blends
3	红色	英国人	牛奶		
4	绿色		咖啡		
5	白色				

根据第 2 条"瑞典人养狗",说明瑞典人不可能住黄房子、蓝房子或红房子,因为黄房子和红房子住的都不是瑞典人,而蓝房子的主人养的是马而不是狗,说明蓝房子内住的不是瑞典人,那么瑞典人只可能住在绿房子或白房子里。

再根据第 13 条"德国人抽 Prince 牌香烟",同理,由于黄房子和红房子住的都不是德国人,而蓝房子的主人抽 Blends 香烟,所以德国人肯定不住在黄房子、蓝房子或红房子里面,所以也可能住绿房子或白房子。

由此可知,绿房子与白房子中住的是德国人或瑞典人。那么,丹麦人只能住蓝房子。见表 4 - 10。

表 4-10　爱因斯坦推理问题元素登记表(9)

序号	房屋	国籍	饮料	宠物	香烟
1	黄色	挪威人	矿泉水		Dunhill
2	蓝色	丹麦人		马	Blends
3	红色	英国人	牛奶		
4	绿色		咖啡		
5	白色				

根据第 3 条"丹麦人喝茶"可知蓝房子的主人喝茶。这样,矿泉水、茶、牛奶和咖啡的位置都确定了,所以白房子的主人喝啤酒。由第 12 条"抽 BlueMaster 的人喝啤酒",那么白房子的主人就抽 BlueMaster 香烟。见表 4-11。

表 4-11　爱因斯坦推理问题元素登记表(10)

序号	房屋	国籍	饮料	宠物	香烟
1	黄色	挪威人	矿泉水		Dunhill
2	蓝色	丹麦人	茶	马	Blends
3	红色	英国人	牛奶		
4	绿色		咖啡		
5	白色		啤酒		BlueMaster

第 13 条"德国人抽 Prince 烟",再根据上面已经得到的"德国人住绿房子或白房子"这个结论,发现白房子的主人抽 BlueMaster 香烟,那么就可以排除德国人住白房子的可能,所以德国人肯定住绿房子。根据上面得到的"瑞典人可能住在绿房子或白房子",这样瑞典人就只能住白房子。见表 4-12。

表 4-12　爱因斯坦推理问题元素登记表(11)

序号	房屋	国籍	饮料	宠物	香烟
1	黄色	挪威人	矿泉水		Dunhill
2	蓝色	丹麦人	茶	马	Blends
3	红色	英国人	牛奶		
4	绿色	德国人	咖啡		Prince
5	白色	瑞典人	啤酒		BlueMaster

由于四种香烟都被选定了,所以,英国人抽 PallMall 香烟。见表 4-13。

表 4 - 13　爱因斯坦推理问题元素登记表(12)

序号	房屋	国籍	饮料	宠物	香烟
1	黄色	挪威人	矿泉水		Dunhill
2	蓝色	丹麦人	茶	马	Blends
3	红色	英国人	牛奶		PallMall
4	绿色	德国人	咖啡		Prince
5	白色	瑞典人	啤酒		BlueMaster

　　再根据第 2 条"瑞典人养狗",第 6 条"抽 PallMall 牌香烟的人养鸟",第 10 条"抽 Blends 牌香烟的人和养猫的人相邻",所以,英国人养鸟,挪威人养猫。见表 4 - 14。

表 4 - 14　爱因斯坦推理问题元素登记表(13)

序号	房屋	国籍	饮料	宠物	香烟
1	黄色	挪威人	矿泉水	猫	Dunhill
2	蓝色	丹麦人	茶	马	Blends
3	红色	英国人	牛奶	鸟	PallMall
4	绿色	德国人	咖啡		Prince
5	白色	瑞典人	啤酒	狗	BlueMaster

　　至此,四种宠物都确定了,剩下的只有德国人养鱼。

思政联结

1. 一刻也不能没有理论思维
2. 领导干部要提高理论思维能力

☞ 扫码见全文《一刻也不能没有理论思维》　　　　☞ 扫码见全文《领导干部要提高理论思维能力》

训练题

一、选择题

1. 从众多事物的许多特征中抽出其共同的、本质的特征,而舍弃其非本质特征的过程是（　　）。

  A. 分析   B. 比较   C. 抽象   D. 概括

 2. 明确概念外延的逻辑方法是（　　）。

  A. 定义   B. 划分   C. 限制   D. 概括

 3. 每次看见"月晕"就要"刮风"，"潮湿"就要"下雨"，所以，得出"月晕而风""础润而雨"的结论，这属于的思维特性是（　　）。

  A. 抽象性   B. 概括性   C. 间接性   D. 情境性

 4. 把通过抽象的概括而获得的概念、原理、理论返回到实际中，以加深、加宽对各种事物的认识的思维过程是（　　）。

  A. 系统化   B. 分析与综合   C. 抽象与概括   D. 具体化

二、简答题

 1. 什么是抽象思维，抽象思维的基本方法有哪些？

 2. 抽象思维与形象思维的联系与区别是什么？

四、推理分析题

 现有 100 匹马和 100 块石头，马分 3 种：大型马、中型马和小型马。其中 1 匹大型马一次可以驮 3 块石头，1 匹中型马一次可以驮 2 块石头，而 2 匹小型马一次可以驮 1 块石头。如果，这 100 匹马正好一次驮完这 100 块石头，那么 100 匹马中应该有多少匹大型马、中型马和小型马？

第五节

聚合思维

根据探索问题答案的方向不同,思维还可以分为聚合思维和发散思维。本节重点介绍聚合思维。

一、聚合思维的概念与特点

1. 聚合思维的概念

聚合思维,又称辐合思维、集中思维或求同思维,是指把问题所提供的各种信息聚合起来,朝着同一个方向提出一个正确答案的思维。它从不同来源、不同材料、不同层次来探求正确答案,把广阔的思路聚集成一个焦点,它是一种有方向、有范围、有条理的收敛性思维方式。求同是聚合思维的主要特点,人们利用已有的知识经验或常用方法,从众多可能性的结果中迅速做出判断,得出结论或来解决问题。理论工作者从许多现成的资料中归纳出一种结论就是聚合思维。聚合思维是创造性思维方式之一,思维者聚集与问题有关的信息,进行重新组织和推理,可求得新的结论或正确答案。

2. 聚合思维的特点

聚合思维具有同一性、程序性和比较性三个特点。

同一性是指聚合思维是一种求同思维,是同一指向解决问题的办法或答案的思维。

程序性是指在解决问题过程中,按照严格的程序和先后顺序,确定先做什么、后做什么,使问题的解决循序渐进、有章可循。

比较性是指对寻求到的多种问题解决途径、方案、措施或答案,通过比较找出最佳的途径、方案、措施或答案。

聚合思维是以问题解决为中心,尽可能运用已有的知识和经验,将各种信息重新组织加工,从不同的方面和角度,将思维集中指向这个中心,从而达到解决问题的目的。

二、聚合思维的方法与应用

1. 聚合思维的具体方法

聚合思维常见的具体方法有:抽象与概括、归纳与演绎、比较与类比、定性与定量等。抽象与概括、归纳与演绎、比较与类比在前面章节已经做过介绍,下面主要介绍定性与定量方法。

定性分析就是对研究对象进行质的方面的分析,运用归纳、演绎与综合以及抽象与概括等方法,借助直觉和经验,对获取的各种材料进行思维加工,对分析对象的性质、特点、变化规律做出判断的一种方法。

定量分析是通过调查统计或实验的方法,收集大量的、精确的数据资料,对事物的数量特征、数量关系与数量变化进行统计分析和检验,依此来揭示和描述事物的相互作用和发展趋势。定量分析往往需要运用一些数理统计的方法和 EXCEL、SPSS、SAS 等统计分析软件。

2. 聚合思维的应用步骤

第一步:信息收集。采取各种途径和方法,广泛收集和掌握与思维目标有关的信息。

第二步:信息整理。对收集到的各种资料信息进行分析和筛选,保留重要信息,淘汰无关或关系不大的信息,并对各种信息做进一步抽象、概括、比较、归纳,找出共同特性和本质的东西。

第三步:探求答案。客观地分析判断,实事求是地得出科学结论,获得思维目标。

三、聚合思维案例分析

案例 1:高与矮的判别

现有 A、B、C、D、E、F 六个人,他们身高之间的关系是:A 比 B 高;C 比 D 矮;B 比 D 高;A 比 E 矮;F 比 E 高。问这六个人中,谁最高? 谁最矮?

分析:在这个问题中,"谁最高? 谁最矮?"就是待解决的中心问题。如何解决这个问题,依据聚合思维,关键是收集和整理现有的信息:

A 比 B 高,即 A>B

C 比 D 矮,即 C<D,也就是 D>C

B 比 D 高,即 B>D

A 比 E 矮,即 A<E,也就是 E>A

F 比 E 高,即 F>E

可见,A>B,B>D,D>C,E>A,F>E

由此,可以探求答案 F>E>A>B>D>C

于是,可知 F 最高,C 最矮。

案例 2:毒素现世

20 世纪 60 年代,英国一家农场主为节省开支,购买一批发霉的花生喂养农场 10 万只火鸡和小鸭,结果这批火鸡和小鸭在短短几个月内相继得癌症死亡,这就是历史上有名的"十万火鸡事件",当时无论是有经验的农场主、兽医还是科学家们都没有发现病因。不久后,我国某研究单位和一些农民用发霉花生长期喂养鸡和猪等家畜,也出现了这些家禽死亡的结果。1963 年,澳大利亚又有人用霉花生喂养大白鼠、鱼、雪貂等动物,结果被喂养的动物也大都患癌症死亡。研究人员从收集到的这些资料中得出一个结论:在不同地区对不同种类的动物喂养霉花生,这些动物都患了癌症,由此得出霉花生是致癌物。后来经过化验研究发现:霉花生中含有黄曲霉素,而黄曲霉素正是致癌物质。

分析:这个案例就是从各种途径广泛收集信息,整理筛选信息,抽象概括信息,聚合提炼共同特征:霉花生导致动物患癌死亡,由此得出结论:霉花生有毒,是致癌物。这就是聚合思维的运用。

案例 3:空中浴池

在日本大阪南部,有一处著名的温泉,四周是景色秀丽的青山翠谷。去那里观光的游人总想先泡一泡温泉浴,再坐上缆车欣赏美景。但由于时间关系,大部分人往往来不及一次完成这两项活动,只能二选一,因此倍感遗憾。后来,温泉附近的一家"有田大饭店"经理宇野牧人先生想出了一个"合二为一"的办法,推出了"空中浴池"。他将 10 个温泉浴缸装在电缆车上,随着缆车在崇山峻岭中来回滑行,游人既能怡然自得地泡在温泉浴缸里,又能充满诗情画意地欣赏身边的景色。

分析:这个案例是要解决既能泡温泉、又能赏美景的问题,是一个具体而又明确的问题中心,需要聚合多种资源和信息、手段和方法来解决,是一个典型的需要聚合思维来解决的例子。

一般地,泡了温泉,就没时间赏美景;先赏美景,就没时间泡温泉。

这个问题的关键就是两件事情分开落实,需要较长的时间,实际可用时间却不允许。如何解决这个问题? 能否在有限的时间内,同时完成这两项活动? 所以,宇野牧人先生推出"空中浴池",一边泡温泉,一边赏美景,从而找到了解决问题的方案。

案例 4:法律逻辑的魅力[①]

美国总统林肯担任总统前做过律师。一次,林肯得知他青年时代的好友、已经去世的老阿姆斯特朗的儿子小阿姆斯特朗被人诬告谋财害命,并且已被法庭判定有罪。出于对老阿姆斯特朗的友情,林肯决定以小阿姆斯特朗律师的身份提请复审。林肯首先查阅了法院的全部卷宗,然后又到案发现场进行了实地勘察。林肯发现本案的关键证人名叫福尔逊,他在陪审团面前发誓说:1857 年 10 月 18 日夜里 11 时,他曾亲眼看见小阿姆斯特朗和一个名叫梅茨克的人斗殴,当时皓月当空,月光下他看见威廉用枪击毙了梅茨克。按照美国法庭的惯例,林肯作为被告的辩护律师与原告的证人福尔逊进行了对质。

林肯:你发誓你看见的是被告?

---

① 中国法院网,https://www.chinacourt.org/article/detail/2005/11/id/185274.shtml。

福尔逊:是的。

林肯:你在草堆后面,被告在大树下,相距二三十米,你能看清吗?

福尔逊:看得很清楚,因为月光很亮。

林肯:你肯定不是从衣着等方面辨认的?

福尔逊:我肯定看清了他的脸,当时月光正照在他脸上。

林肯:你能肯定是晚上 11 点吗?

福尔逊:完全可以肯定,因为我回屋看了时钟,那时是 11 点 15 分。

林肯:你担保你说的完全是事实吗?

福尔逊:我可以发誓,我说的完全是事实。

林肯(对众人):我不能不告诉大家,这个证人是个彻头彻尾的骗子。接着林肯出示了美国的历书证明,10 月 18 日午夜前 3 分钟,即当晚 10 点 57 分,月亮已经落下看不见了。这个铁的事实已明白无疑地说明福尔逊是在说谎。林肯依此做了激动人心的辩护:"证人发誓说他于 10 月 18 日晚 11 点钟在月光下看清了被告阿姆斯特朗的脸,但历书已证明那天晚上是上弦月,11 点钟月亮已经下山了,哪来的月光? 退一步说,就算证人记不清时间,假定稍有提前,月亮还在西边,而草堆在东,大树在西,月光从西边照过来,被告脸向西,证人根本看不到被告的脸;如果被告脸朝草堆,即向东,那么即使有月光,也只能照着他的后脑勺,证人怎么能看到月光照在被告脸上,而且能从二三十米的草堆处看清被告的脸呢?"福尔逊在这无懈可击的辩驳面前,灰溜溜地败下阵来,在众人的咒骂声中,他承认自己是被人收买来陷害被告的,小阿姆斯特朗被当庭释放。

分析:本案例为"揭穿证人的谎言"这一目的,清晰应用了聚合思维的三个步骤:

首先,收集信息。林肯通过查阅卷宗,实地勘察案发现场,质询证人,查阅美国的历书等多种途径和方法,广泛收集和掌握与"揭穿证人的谎言"目标有关的信息。

第二,整理信息。对各种资料信息进行分析和筛选,保留重要信息,如美国的历书证明:10 月 18 日午夜前 3 分钟,即当晚 10 点 57 分,月亮已经落下看不见了。通过抽象、概括、比较、归纳,找出最本质、最重要的东西。

第三,推理判断出结论。林肯辩护:"证人发誓说他于 10 月 18 日晚 11 点钟在月光下看清了被告阿姆斯特朗的脸,但历书已证明那天晚上是上弦月,11 点钟月亮已经下山了,哪来的月光?"做出第一个判断:月亮既已下山,就没有什么月光,福尔逊是不可能借助月光在二三十米的草堆处看清被告的脸。"退一步说,就算证人记不清时间,假定稍有提前,月亮还在西边,而草堆在东,大树在西,月光从西边照过来,被告脸向西,证人根本看不到被告的脸;如果被告脸朝草堆,即向东,那么即使有月光,也只能照着他的后脑勺,证人怎么能看到月光照在被告脸上,而且能从二三十米的草堆处看清被告的脸呢?"做出第二个判断:证人更不能看清被告的脸。林肯通过客观分析与合情推理,实事求是地得出准确结论:"这个证人是个彻头彻尾的骗子。"

林肯辩护的成功,充分体现了聚合思维、逻辑思维的魅力和他严谨的办案作风。

思政联结

1. 习近平总书记汇聚"中国力量"

2. 习近平总书记：汇聚起全面深化改革的强大正能量

3. 坚持全国一盘棋 汇聚抗击疫情强大合力——习近平总书记在中共中央政治局常务委员会会议上的重要讲话凝聚力量鼓舞士气

☞ 扫码见全文
《汇聚"中国力量"》

☞ 扫码见全文《汇聚起
全面深化改革的强大正能量》

☞ 扫码见全文
《坚持全国一盘棋》

训练题

一、多项选择题

1. 聚合思维的特点有（   ）。

　　A. 同一性　　　　B. 程序性　　　　C. 比较性　　　　D. 关联性

2. 聚合思维常用的具体方法有（   ）。

　　A. 抽象与概括　　B. 归纳与演绎　　C. 比较与类比　　D. 定性与定量

二、分析题

1. 请你说出你们家中既发光又发热的东西，找出它们的共同点。

2. 请你写出海水与江水的共同之处，越多越好。

3. 请你说说鸽子、蝴蝶、麻雀与苍蝇有什么相同之处？

4. 请你说说铜、铁、铝、不锈钢等金属有什么共同的属性？

5. 有一口井深 15 米，一只蜗牛从井底往上爬，它每天爬 3 米，同时又下滑 1 米，问蜗牛需要多少天才能爬出井口？

6. 一群小偷商量如何私分偷来的布：如果每人分 6 匹，就会剩下 5 匹；如果每人分 7 匹又会少 8 匹。问有几个小偷，几匹布？

7. 古时候，一个穷老汉拿着一个空瓶到酒铺去买 5 两酒。酒铺里只有 7 两的容器和 3 两的容器。掌柜略加思索后，就用这两样容器将 5 两酒卖给了老汉。请问，掌柜是如何量出 5 两酒的？

第六节

发散思维

　　我们知道,任何事物都是多层次、多关系、多属性的有机统一体,这些事物存在于一维的时间、二维的平面、三维的空间之中。如果,人们从不同的角度、不同的层面出发,考察事物的不同内容和方向,往往就会发现事物的不同属性或特征。这表明思维在时空、视野上是可以向各个方向、各个维度发散的。在时间上,可以立足于现在向过去或未来发散;在空间上,可以立足于本位向上下、左右、前后、内外全方位发散。因此,与聚合思维相对应,人类还具备一种重要的思维方式,叫发散思维。

一、发散思维的概念与特点

　　1. 发散思维的概念

　　发散思维(Divergent Thinking),又称作辐射思维、扩散思维或求异思维,是指大脑从一个目标出发,沿着不同途径去思考,探求多种答案,呈现出一种扩散状态的思维。在日常生活中,人们经常围绕某个问题或事物寻找不同的思路、方案、解法、方式、路径、意义、用途、结局等,这些都是发散思维的表现,发散思维是创造性思维的最主要方式之一。

　　2. 发散思维的特点

　　(1)流畅性。就是人们在思考问题时观念的自由发挥,在尽可能短的时间内生成并表达出尽可能多的思想观念。

　　(2)变通性。就是打破头脑中已有的思维模式或思维框架,按照某个新的方向、方法或方式来思考问题的过程。

　　(3)独特性。是指在思维过程中做出不同寻常的、与众不同的、有别于以往的新奇独特的反应。这是发散思维的最高目标和追求。

　　(4)多感官性。发散思维除了运用视觉、听觉、嗅觉等常用感官,还充分利用其他感觉器官来接收和加工信息,多感官的参与有助于提高发散思维的速度并改善其效果。

二、发散思维的形式

　　尽管发散思维是多维度、多向度、多层面的思维过程,是灵活的、无边界的、创造性的思维方式,但为了更加有效地进行发散思维,我们可以从以下五个方面进行训练:

◇ 结构发散。以事物的结构为扩散点,设想出组成事物结构的各种可能性。

◇ 材料发散。以物品的材料为扩散点,设想出可以制作该物品的更多材料。

◇ 功能发散。以物品的功能为扩散点,设想出该物品可实现的多种功能和用途。

◇ 方法发散。以制造物品的方法为出发点,设想出尽可能多的制造方法。

◇ 因果发散。以某事物的原因或结果为扩散点,设想出更多的结果或原因。

与此相反,收敛性是指思维角度的集中和思维时空视野的集聚。在一定条件下,由于受到思维目的性、指向性的制约,人们考察事物的属性是有选择性的,从而影响思维的时间和空间,视野也有相对固定的范围。发散性和收敛性是对立统一的,思维只有进行发散,才能更加敏捷地思考问题,多向度揭示事物的本质特特征,发挥创造性。智力和创造力研究大师吉尔福特(J. P. Guilford)曾说过,正是在发散思维过程中,我们看到了创造性思维的最明显的标志。但我们也必须看到,发散思维的结果并不都是最有价值、最理想、最正确的,因此我们必须在发散的基础上,进行收敛,形成集中的思维力量,通过比较、评价和判断做出取舍,否则思维就会变成无目的、甚至失去控制的胡思乱想。美国科学哲学家库恩指出:"科学只能在发散与收敛这两种思维方式相互拉扯所形成的'张力'之下向前发展。"[①]

三、发散思维案例分析

案例1: 回形针的用途

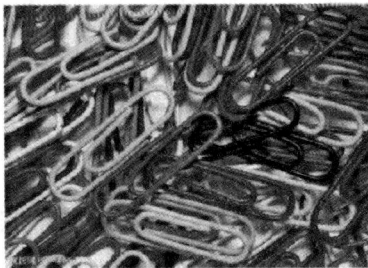

图 6-1　回形针

回形针,如图 6-1 所示,大家都很熟悉,一根细钢丝经过弯曲后就做成一枚回形针,它通常用来夹纸张、夹文件、夹票据。除此之外,它还有哪些用途呢?

分析:运用发散思维,也许我们还可以想到:回形针可用来作牙签、作钢针、作链条、作鱼钩等。为了更好地发挥发散思维的作用,我们可以从材料、结构、功能、方法和因果关系的维度重新思考回形针的用途。

(1)从材料角度来看,可以用塑料做回形针,如图 6-2 所示,塑料回形针可以用来做发夹。

图 6-2　塑料回形针

---

① 托马斯·库恩:《必要的张力》,福州:福建人民出版社,1987。

（2）从结构角度来看，改变回形针的结构，可以将其做成书签、挂钩、自行车、手机支架等，如图6-3、6-4、6-5、6-6所示。

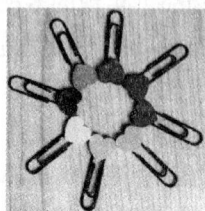

图6-3　书签

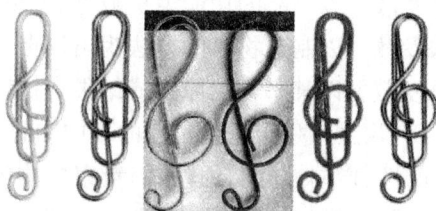

图6-4　挂钩

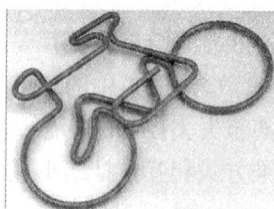

图6-5　自行车

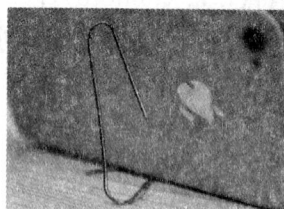

图6-6　手机支架

（3）从功能角度来看，充分利用回形针的颜色、形状、特点、材质、用途等各种情形，可以在不同的环境、对象和需求中发挥其不同的作用。用回形针做工艺花等艺术品，供欣赏，如图6-7所示；做胶带头，方便胶带使用，如图6-8所示；做旅行包拉锁，把两个拉链勾在一起，拉链不容易被人拉开，如图6-9所示；做防静电链条，安装在汽车尾部，接地链条能消除静电，如图6-10所示。

图6-7　工艺花

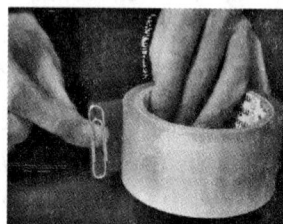

图6-8　胶带头

图6-9　旅行包拉锁

图6-10　汽车接地链条

除此之外，回形针还可以用来开锁、挂窗帘、作牙签、作钥匙环、缝衣针、做项链、作防身武器等，也许可以想出成百上千种。只要人们在生活中不被习惯性固定的思路所束缚，不被机械的单一模式所左右，敢于突破常规思维方式，插上发散思维的翅膀，一定能收获灵活性、创造性的思维成果。

案例2：分辨控制开关

某实验室内有甲、乙、丙三盏电灯，另一间控制室有控制实验室三盏灯的 A、B、C 三个开关，如图 6-11 所示，已知每个开关控制一盏电灯，现在三盏电灯都是灭的。假如只能进这两个房间各一次，你能正确判断每一盏电灯分别是由哪个开关控制的吗？

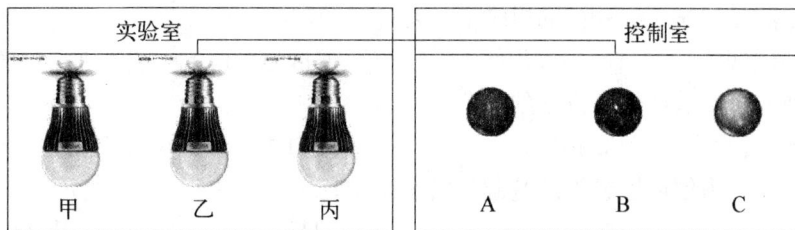

图 6-11　实验室和控制室的电灯与开关

分析：一般来说，开关控制电灯，当开关合上时电灯发亮，开关断开时电灯熄灭，根据电灯的亮或灭可以判断控制电灯的开关与其闭合状态。在本案例中，只允许进两个房间各一次，要判断三个开关各自是控制哪一盏电灯，似乎不能实现。

但如果先进入控制室，打开开关 A，在 5 分钟后关闭，然后打开开关 B。马上进入实验室，看到亮着的灯就是开关 B 控制的，再用手摸一摸除了亮着的灯以外的两盏灯，哪盏灯较热，它的开关就是 A，那么剩下的一盏灯的开关就是 C。

可见，在这个案例中，判断者已经突破了思维的定势：根据电灯的亮与灭来判断控制开关，而是运用了发散思维，除了灯光之外，还可以根据电灯的热量或温度来做判断，从而顺利地解决了问题。

案例3：一个棘手问题答案的征询

英国一家报纸曾为一个比较棘手的问题征询答案：现有三个人搭乘同一个热气球，一人是伟大的医学家，一人是伟大的化学家，一人是核物理学家，突然遇到风暴，必须把其中一人推下去，才能确保另外两个人的安全，请问该把谁抛弃呢？

分析：这个问题确实比较棘手，医学家、化学家、物理学家三个人都很重要，把谁推下去似乎都不合适，所以一般人的思维是聚焦在这三个人的重要性上，反复权衡，难以取舍，结果顾此失彼，给不出令人信服的答案。结果，一位 12 岁的小女孩给出了最奇特、最具震撼力的答案，从而获得本次活动的大奖。在她的眼中，问题非常简单，就是要尽可能减轻气球的重量，确保两个人的安全，所以最重的人就成了被抛弃的对象。

这个孩子没有局限于人物的重要性，而是用一种潜在的发散性思维，不只是关注人物的重要性,还关注人物的重量,从而突破常规思维,找到问题的答案。

思政联结

抓农民工党建要树立"发散"思维

☞ 扫码见全文《抓农民工党建要树立"发散"思维》

训练题

一、选择题

1. 学生能做到"一题多解"的思维活动是(　　)。

    A. 形象思维　　　　B. 集中思维　　　　C. 发散思维　　　　D. 抽象思维

2. 下列属于发散性思维方法的是(　　)。

    A. 删繁就简法　　B. 提问法　　　　C. 集中法　　　　D. 相关联想法

3. (　　)认为创造性思维的基础是发散思维。

    A. 庄子　　　　　B. 荀子　　　　　C. 陶行知　　　　D. 吉尔福特

4. (　　)与一般的、传统的或惯常的思维方向相反。

    A. 逆向思维　　　B. 发散思维　　　C. 收敛思维　　　D. 联想思维

5. 最能体现发散性思维的重要方法是(　　)。

    A. 归纳法　　　　B. 差异法　　　　C. 语词运算法　　D. 相关联想法

二、简答题

1. 发散性思维具有哪些特点?

2. 发散性思维该如何培养?

三、分析题

1. 在下列常见的物品中任选一种,尽可能多地说出它的不同用途。

名称	A4 纸	篮球	钥匙	鞋	领带
图片					
用途					

2. 从发散思维的形式角度来探讨长尾夹的多种用法。

3. 假如全世界的手机信号突然消失,请你用发散思维来思考,会产生什么后果?

第七节

思维导图

一、问题思考

你知道多少种水果？请写出它们的名称。针对每一种水果，你能想到哪些与其密切相关的信息和内容，请用最精练的语言把它们写出来。

如果用图 7-1 的形式来回答上面的问题，我们可以清晰地发现，水果包括香蕉、苹果、橘子、菠萝、樱桃等，对香蕉而言，还可以想到与其紧密相关的内容：颜色是黄色，产地是加勒比海，微量元素含有锌等。

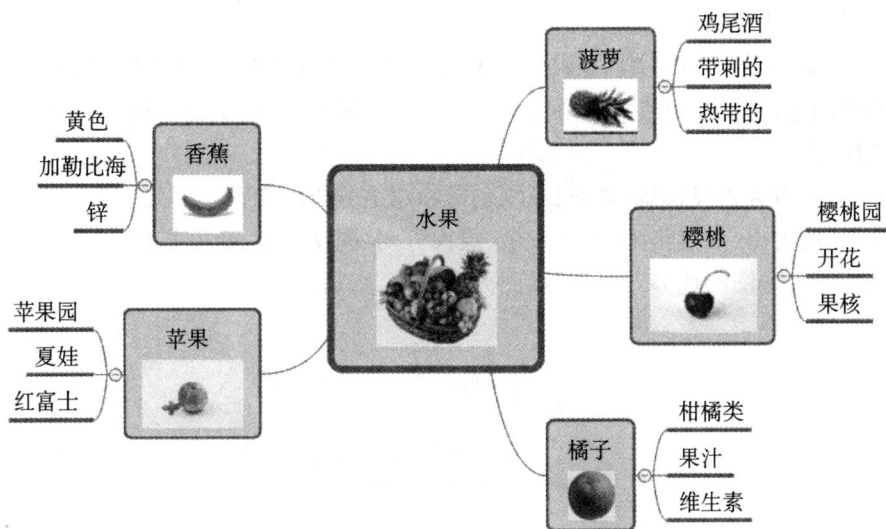

图 7-1 水果

为了更好地、更多地、更清晰地把这些信息和内容表达出来，促进思维发展，培养思维能力，我们来学习和运用一种思维工具——思维导图。

二、人物介绍

东尼·博赞(Tony Buzan)，1942 年生于英国伦敦，1964 年毕业于英国哥伦比亚大学，获得心理学、英语语言学、数学、一般科学等多个学位。现为英国头脑基金会总裁、著名心理学、教育学家,19世纪60年代因发明"思维导图(MindMapping)"而闻名世界。

三、思维导图

1. 思维导图的概念

思维导图,又叫心智导图或思维地图,是模拟人们的思考方式,运用图文并重的形式,把各级主题的关系用相互隶属与相关的层级图表现出来,把主题词与图像、颜色等建立记忆链接,便于人们感觉、记忆和思考的一种图形思维工具。

思维导图是一项流行的全脑式学习思维方法,是表达发散性思维非常有效的工具,每一种进入人脑的资料,不论是感觉、记忆或是想法,包括形状、颜色和大小;材料、功能和属性;文字、数字和符号;气味、质地和线条;时间、地点和人物;过去、现在和未来;意象、节奏和音符等,都可以成为一个思考中心,并由此向外发散出成千上万个节点,每一个节点与中心主题构成一个联结,每一个节点又可以作为中心主题,再向外发散出成千上万的节点,从而形成放射性的结构图。它充分运用了人的左、右脑的机能,利用记忆、阅读、思维的规律,协助人们在科学与艺术、逻辑与想象之间平衡发展,从而开启人类大脑的无限潜能。

2. 思维导图的优势

思维导图是一种利用发散思维的原理,按照步骤进行绘制的一种图形笔记和思维方式。与传统的笔记相比,思维导图所能够承载的信息量更大、层次更清晰、关联更紧密,且不易被人遗忘。

功能:具有事务管控、记忆学习、策划创造和总结分析的能力。

优势:主题突出、焦点集中、主干发散、层次分明、图文并茂、色彩搭配。

举例:"思维导图的优势"的思维导图如图7-2所示。

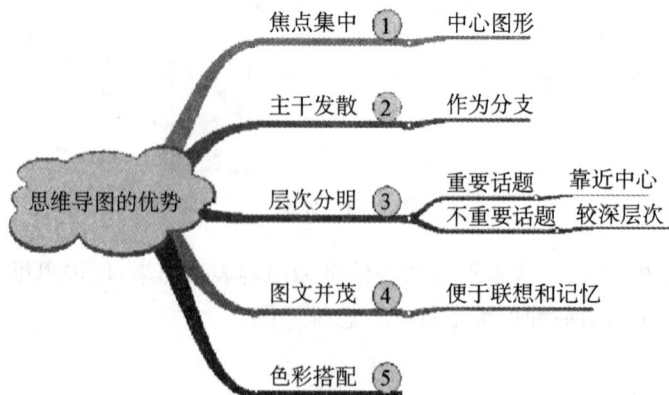

图7-2 思维导图的优势

四、思维导图的应用与制作

1. 思维导图的应用

思维导图作为一种有效的思维模式,有利于人脑发散思维的展开,有助于人们学习、思考、记忆、创作、展示、交流。思维导图已在全球范围得到比较广泛的应用,东尼·博赞撰写的二十多种关于大脑潜能的著作已在一百多个国家用三十多种语言翻译出版,发行量突破 1 000 万册。他还受聘担任英国、新加坡、墨西哥、澳大利亚等国政府机构、大学、研究院以及跨国集团公司的咨询专家,为迪斯尼、微软、IBM、惠普、英国电讯等众多知名跨国公司提供商务咨询。"思维导图"在哈佛大学、剑桥大学、伦敦经济学院等全球知名学府使用和教授,在新加坡中小学被列为必修科目,在一些世界顶级公司作为高级人员培训的必选教材,也逐渐成为许多年轻父母的必读图书。正如《泰晤士报》所评价:"博赞让人重新认识大脑,如同斯蒂芬·霍金让人重新认识了宇宙"。

思维导图可以帮助我们系统地梳理知识,有效地激发创意,明显地提升思维能力,其具体作用主要有以下几个方面:

◇ 厘清知识脉络与体系;

◇ 激发联想和想象能力;

◇ 减少无用信息干扰和积累;

◇ 便于理解和记忆;

◇ 促进沟通和交流;

◇ 发掘创意和潜力。

每一个人在学习、生活和工作过程中,在组织会议、撰写论文、开发项目、写读书笔记、负责采购、交流研讨等活动中都可以充分利用思维导图,改善和提升思维方式,形成良好的思维习惯和有效的思维成果。

举例:"思维导图的用途"的思维导图如图 7 - 3 所示。

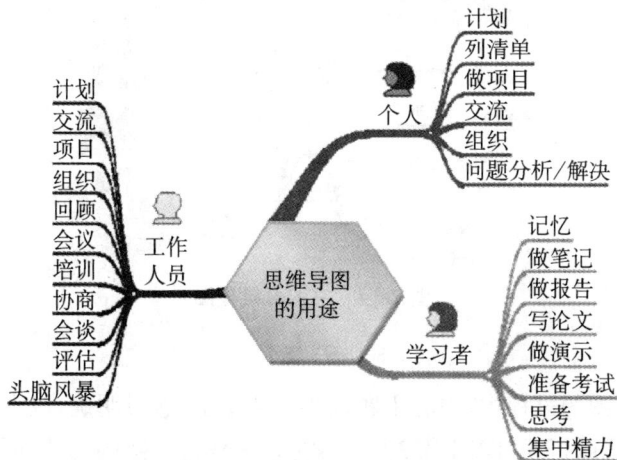

图 7 - 3　思维导图的用途

2. 思维导图的制作

思维导图既然能充分运用左、右脑的机能,利用人的认知、记忆和创造的规律,协助人们在科学与艺术、逻辑与想象、记忆与创造之间平衡发展,那么如何绘制一份高质量的思维导图呢?下面,我们从准备工作、主要步骤和注意事项等几个方面做一个简单介绍。

(1) 准备工作

首先,在绘制思维导图前,准备好必要的纸、笔等工具。

纸:根据需要,准备一些 A3、A4 或 B16 大小的白纸、本子或作业纸。

笔:准备钢笔或签字笔 1 支,至少 2 种以上不同颜色的涂色笔或水彩笔。

另外,还要调整好自己的状态,端正坐姿,做两次深呼吸,安定思绪,放松心情,集中精力,聚焦任务。

(2) 主要步骤

首先,明确主题,画出中心主题词。根据任务和要求,确定思维导图的中心主题词,如"书"或者表示书的图片。将主题词写在纸张的中心,保证思维导图焦点集中在中心主题词上,并且整体分布均匀和协调。

其次,梳理分支,添加密切相关的内容。找出与中心主题词密切相关的关键词,比如与"书"密切相关的关键词有作者、书店、出版社、纸张、价格、读者等,再用曲线把中心主题词与关键词连接起来,让关键词落在相应的连线上。根据需要,在一级关键词的基础上,可以继续拓展二级关键词,分清结构主次脉络,理清关键词之间的相互关系。

再次,添加背景、着色、配图、美化。可以根据兴趣、爱好、意境和需要,适当添加背景,或将关键词匹配相应的图形,并将所有图形、线条上色,尽可能用三种以上颜色,富有活力。上色基本遵循两个原则:联想原则——每条线上的关键词能引发你什么联想,就绘制相关的颜色;情感原则——一个关键词如果能引发你的正面情绪,就用你喜欢的颜色,反之就用你不喜欢的颜色。

举例:书的思维导图如图 7 - 4 所示。

图 7 - 4 书的思维导图

(3) 注意事项

在绘制思维导图的过程中,中心主题词要简洁明了,意思明确,没有歧义;线条要柔软弯曲,一般不用直线或折线,向四周发散时像树枝一样自然协调;关键词要高度概括,精练简短,分类合理;图片要合情合理,图像清晰,新颖有趣;颜色要适当得体,色彩搭配要恰当,体现个人风格。

思政联结

习近平总书记在主题教育总结大会上的讲话思维导图

☞ 扫码见全文《习近平
总书记在主题教育
总结大会上的讲话
思维导图》

训练题

一、选择题

1. 思维导图的创始人是(　　　)。
   A. 马丁·加德纳　　　　　　B. 爱德华·德·布诺
   C. 哈伦·休　　　　　　　　D. 东尼·博赞

2. 下列与思维导图无关的是(　　　)。
   A. 自由联想发散法　　　　　B. 科学联想发散法
   C. 强制联想发散法　　　　　D. 随机联想发散法

3. 下列说法中不正确的是(　　　)。
   A. 思维导图是表达发散性思维的有效图形思维工具
   B. 思维导图用相互隶属与相关的层级图表现各级主题间的关系
   C. 思维导图用线条对主题关键词、图像、颜色等建立记忆链接
   D. 思维导图可以有多个中心主题

二、简答题

什么是思维导图,它有什么功能和优势?

三、创作题

1. 从"电商""物流""市场营销""机器人""家电""计算机"中选一个中心主题词,画一幅思维导图。

2. 假如你今天去菜市场打算购买下列食品:葡萄、牛奶、猪肉、鸡蛋、土豆、牛肉、香蕉、胡萝卜、酸奶、羊肉、苹果、香菜、橘子,如果不用笔和纸,你能记住这些食品吗? 画出一幅思维导图,看看是否有助于你记忆?

第八节

思维导图软件应用

除了通过手工绘制思维导图,还可以借助一些软件来制作各种类型的思维导图。下面介绍几款常见的思维导图软件。

1. MindMaster

MindMaster 是一款全平台云存储思维导图软件,不仅有 MindMaster 手机 APP,还有免费的电脑客户端版和网页版,可在 Windows、Mac 和 Linux 系统上使用。该软件提供了智能布局、多样模板、精美设计元素、预置的主题样式、手绘效果思维导图、甘特图视图等功能。下面介绍软件的安装与使用。

(1)下载 MindMaster 电脑版

第一步:使用百度搜索"MindMaster",出现 MindMaster 搜索页面,如图 8-1 所示。

图 8-1　MindMaster 搜索截图

第二步:点击"MindMaster 多平台思维导图软件,让您的创意破茧而出"链接,或者在浏览器中输入网址直接访问:www.edrawsoft.cn/mindmaster,出现 MindMaster 多平台思维导图软件网页,如图 8-2 所示。

图 8 - 2　MindMaster 多平台思维导图软件网页

第三步：点击"下载客户端"，出现思维导图软件下载中心页面，如图 8 - 3 所示。

图 8 - 3　思维导图软件下载中心页面

第四步：根据电脑系统情况选择相应的电脑端，如选择 Windows 系统，点击"下载端"，将"mindmaster7_cn_setup_full5375.exe"文件下载到指定的文件夹，如下载到"桌面"，在桌面上找到 这个文件，双击后点击"开始安装"，安装结束后点击"立即启动"，出现 MindMaster 思维导图软件工具，如图 8 - 4 所示。

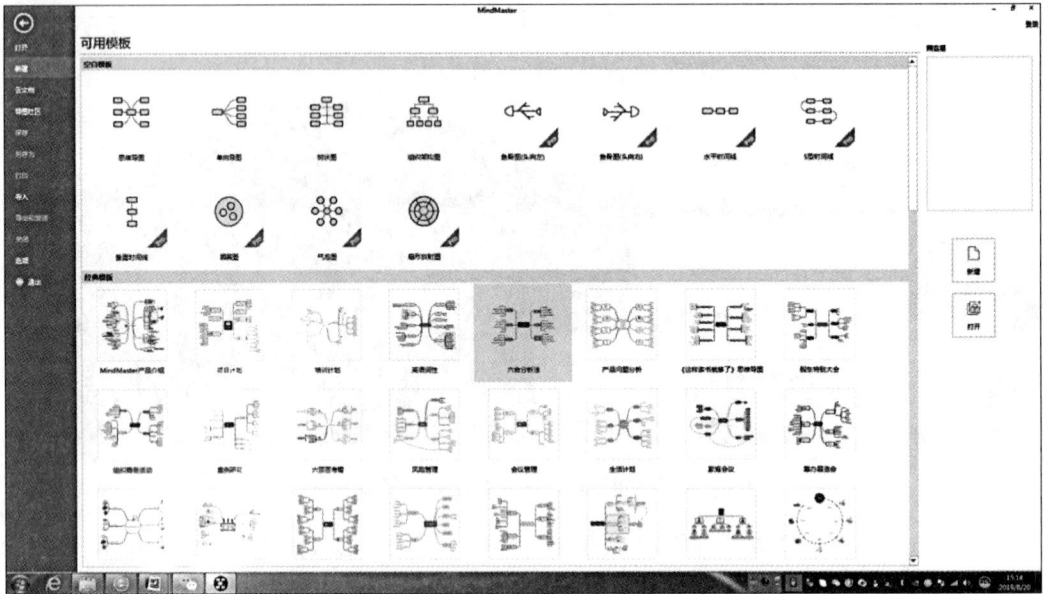

图 8‐4　MindMaster 思维导图软件工具

至此,思维导图 MindMaster 软件安装成功。

（2）MindMaster 软件使用

第一步:启动 MindMaster 软件

双击运行 MindMaster 软件,出现初始界面,如图 8‐5 所示,左侧一列有后退键 、打开、新建、云文档、导图社区、保存、另存为、打印、导入、导出和发送、关闭、选项、退出按钮。选择语言,找到"选项"按钮,点击"语言"可以切换成不同国家的语言,本软件默认语言是简体中文,除此之外还可以切换成英语、德语、法语、日语、繁体中文、西班牙语等。

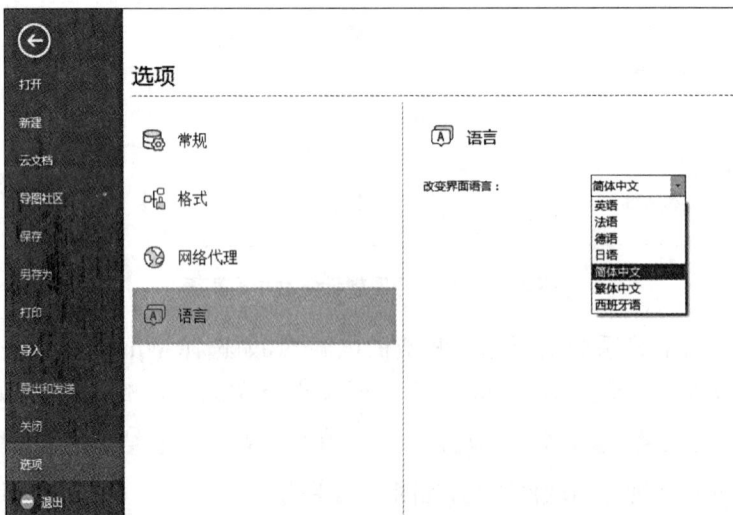

图 8‐5　MindMaster 软件初始界面

第二步：打开或新建文档

在 MindMaster 初始界面上，点击"打开"，可打开"最近"处理的文档、"电脑"保存的文档、"个人云"或"团队云"中存储的文档。点击左列中的"新建"，再点击最右列中的"新建"，即可创建新的思维导图，如图 8－6 所示。

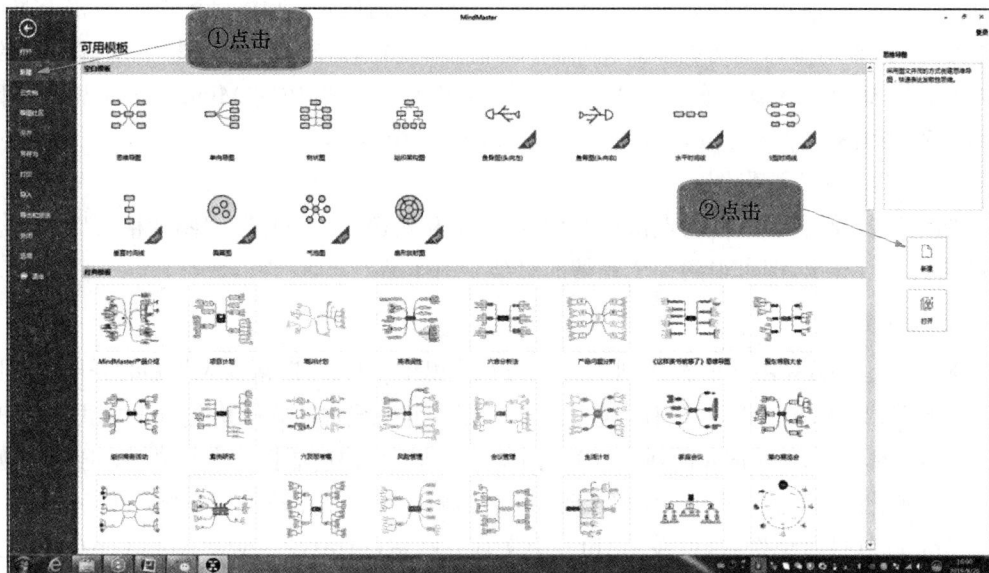

图 8－6　创建新的思维导图

第三步：编辑思维导图

使用文本编辑工具，可以输入文字，可以设置字体、字号以及颜色等，如图 8－7 所示。

图 8－7　编辑思维导图

双击文本框,进入编辑状态,可输入主题词;点击选中文本框,单击右键可通过"插入"来添加主题、子主题、父主题;点击文本框旁边的符号"+"可插入下一级主题。也可使用快捷方式添加主题,单击 Enter 添加同级主题,单击 Ctrl+Enter 添加下一级主题。还可以使用一些基础的功能,比如关系线、标注、外框和概要等。选中一个主题,点击上方工具栏中的"关系线",在图中移动鼠标到另外的文本框,单击确定;选中一个主题,点击上方工具栏中的"外框",即可给文本框添加外框;选中一个主题,点击上方工具栏中的"概要",给文本框添加概要。其他更多关于思维导图的使用技巧,可以访问 MindMaster 思维导图在线教程(https://www.edrawsoft.cn/mindmaster/tutorial/)。

第四步:导出思维导图

如果想要导出图片,依次点击最左列的"导出和发送"—"图片"—"图片格式",选择合适的格式进行导出,即可得到一个完整的思维导图作品。

2. Xmind

Xmind 是一款易用性很强、行业领先的可视化思维工具,可以帮助人们随时开展头脑风暴,绘制思维导图、鱼骨图、二维图、树形图、逻辑图、组织结构图等结构化展示方式,快速理清思路和具体内容,随时把握计划或任务的全局,协助用户快速捕捉创意与灵感。通过直观、友好的图形化操作界面,将思想、策略及商务信息转化为行动蓝图,全面提升学习和工作效率。

Xmind 软件有免费版,可在 XMind 中文官方网站(https://www.xmind.cn/)或英文网站(http://www.xmind.net/)下载,然后双击 XMind-ZEN-Update-2019-for-Windows-64bit-9.2.1-201906120058 安装软件,安装结束后可运行使用。

(1) 双击桌面上图标 ，打开 Xmind 软件;

(2) 在"文件"下拉菜单中点击"新建"按钮,如图 8-8 所示,在页面中根据需要点击选择"空白图"或"模板",再点击右下角"创建",即创建一个新的文档,如图 8-9 所示。

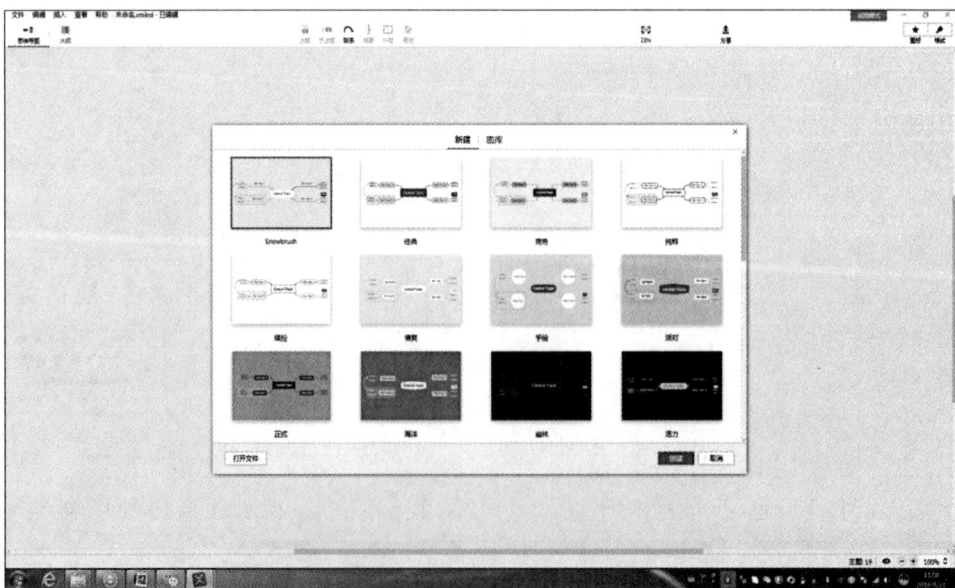

图 8-8 已打开的 Xmind 软件界面

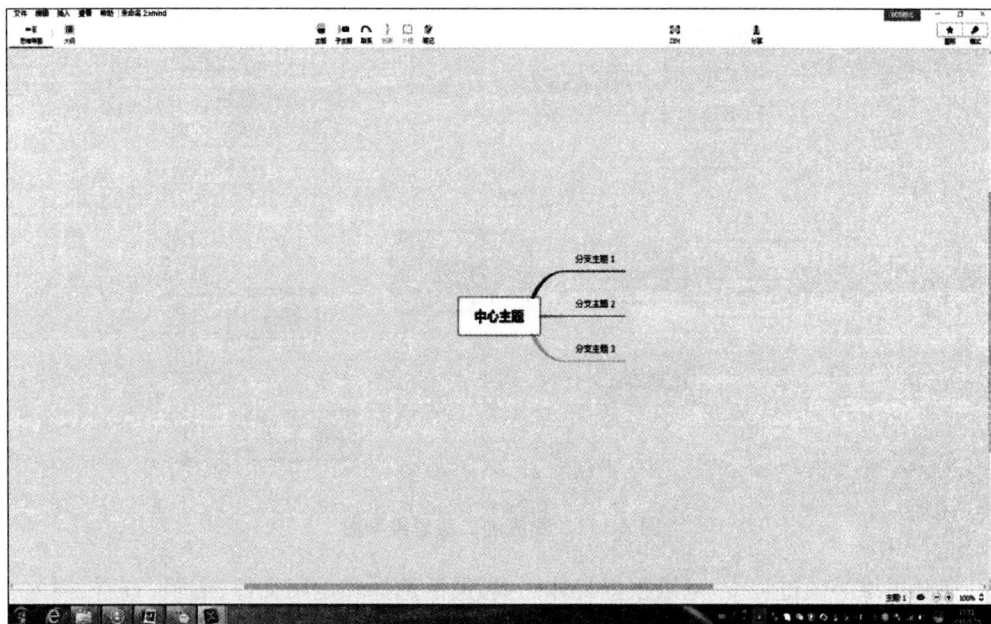

图 8-9 Xmind 软件中的空白图

（3）若在页面左上方选择"思维导图"，即可点击"中心主题"文本框并输入主题词，如"物流"。再选中"物流"主题框，点击"插入"工具栏中的"子主题"，或直接按 Enter键，会跳出"分支主题 1"，输入"运输"。再选中"物流"主题框，点击"插入"工具栏中的"子主题"，或直接按 Enter 键，会跳出"分支主题2"，输入"储存"。重复上述过程，可以在"分支主题3""分支主题4""分支主题5""分支主题6""分支主题 7"中依次输入"装卸搬运"

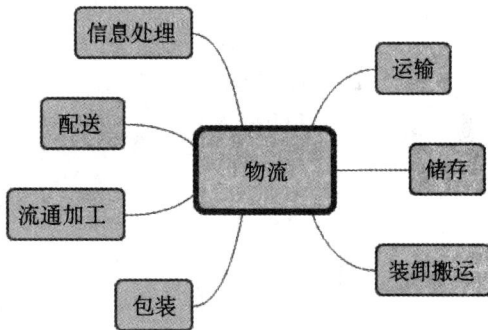

图 8-10 物流的一级思维导图

"包装""流通加工""配送""信息处理"，这样就得到第一层级的思维导图，如图8-10所示。

再点击选中"运输"文本框，同样可插入"子主题 1""子主题 2""子主题 3""子主题4"，可依次输入"公路运输""铁路运输""海运""航空运输"。再点击选中"信息处理"，同样可插入"子主题 1""子主题 2""子主题 3""子主题 4""子主题 5"，可依次输入"条码技术""GPS 技术""EDI 技术""RFID 技术""GIS 技术"。再点击选中"配送"，同样可插入"子主题 1""子主题 2""子主题 3"，可依次输入"配送中心配送""仓库配送""商店配送"。再点击选中"储存"，同样可插入"子主题 1""子主题 2""子主题 3""子主题 4"，可依次输入"时间""地点""条件""费用"。这样，我们就可以得到二层级的思维导图，如图 8-11 所示。

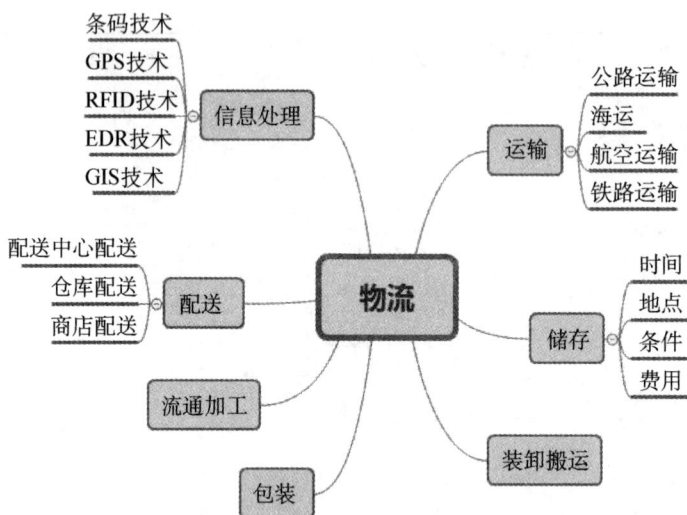

图 8‐11 物流的二级思维导图

在画思维导图过程中,可以根据具体需要,灵活选择和运用文件、编辑、查看、插入、修改、根据、窗口、帮助等菜单中的具体工具,可以根据需要来选择最右边工具栏中的"风格"确定不同的风格,如选择"商业Ⅲ"的风格,将得到图 8‐12 所示的思维导图。

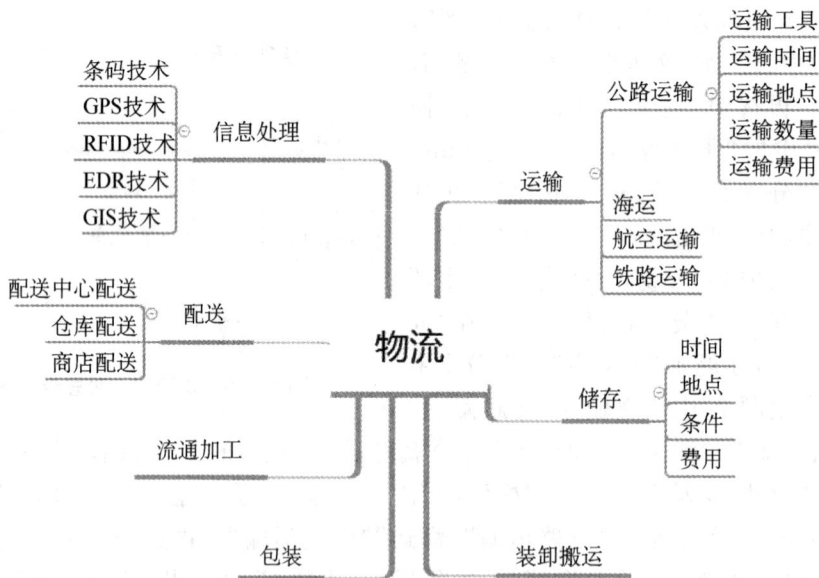

图 8‐12 物流的三级思维导图

最后,可将已完成的思维导图另存为 Xmind cloud(Xmind 云)中或我的电脑中指定的位置。还可以通过"文件"菜单中的导出功能,导出文本文件、PDF 图片、PPT 等不同格式的文档。

3. 百度脑图

百度脑图是一款强大的在线图像处理工具,软件无须安装,可以很方便地制作思维导图。百度脑图有六种图形：思维导图、组织目录、鱼骨头图、逻辑结构图、组织结构图、天盘图。百度脑图除基本功能以外，还支持 doc 格式文件导入，支持 XMind、Free Mind 文件导入和导出，也能导出 PNG、SVG 图像文件。具备分享功能，编辑后可在线分享给他人浏览。

创建百度脑图。通过百度搜索"百度脑图"，找到并点击"百度脑图—便捷的思维工具官网"或在浏览器中直接输入网址"https://naotu.baidu.com/"，然后在百度脑图主页上点击"马上开启"或使用百度账号登录，如图 8 - 13 所示。

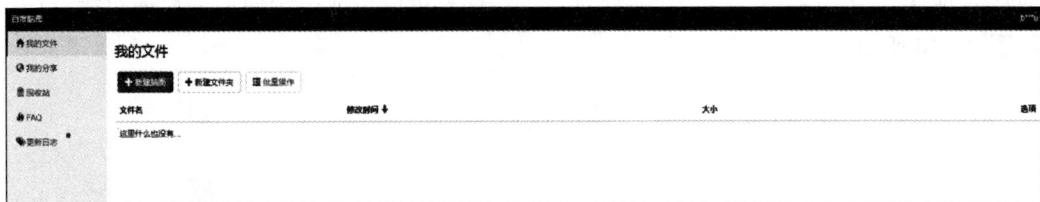

图 8 - 13　创建百度脑图

再点击"新建脑图"，即可创建一个新的文档，如图 8 - 14 所示。

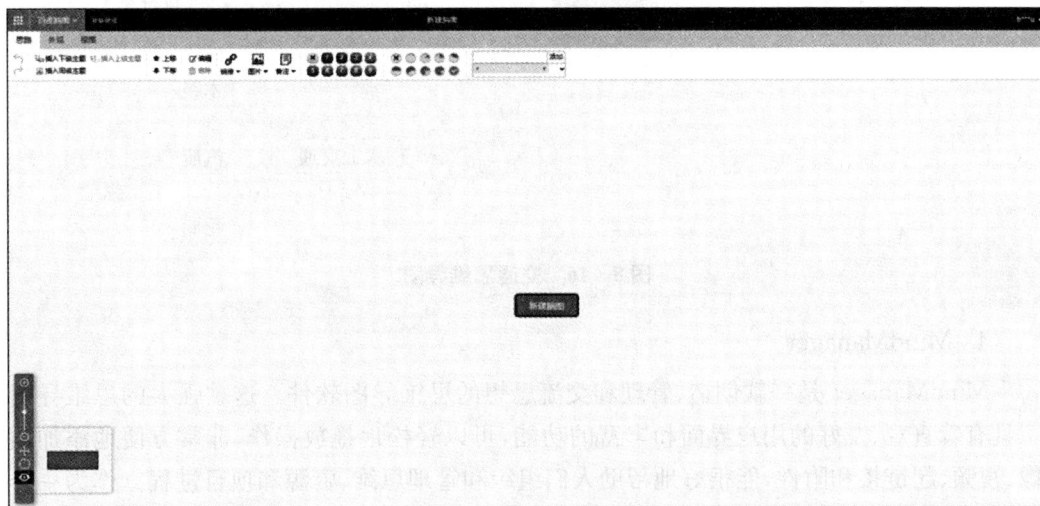

图 8 - 14　新建脑图

双击"新建脑图"，可输入中心主题词，如"交通"，点击选中"交通"文本框，点击左上角编辑工具"插入下级主题"，会出现"分支主题"文本框，双击该文本框后可直接输入主题词，如"陆上交通"。再点击选中"交通"文本框，点击编辑工具"插入下级主题"或直接按"Enter"键，会出现"分支主题"文本框，双击该文本框后可输入主题词，如"水上交通"，类似可输入分支主题"空中交通"，如图 8 - 15 所示。

图 8 - 15　交通思维导图

点击选中"陆上交通"文本框,点击左上角编辑工具"插入下级主题",会出现二级"分支主题"文本框,双击该文本框后可直接输入主题词,如"汽车",类似可输入二级分支主题"火车""自行车""地铁"等。同样,点击选中"水上交通"文本框,点击右键,选择"下级"编辑工具,会出现二级"分支主题"文本框,可直接输入主题词,如"木筏",类似可输入二级分支主题"汽艇""轮船"等。还可以使用工具栏中的序号对主题词的优先级进行标号,如点击选中"汽车"文本框,再点击工具栏中的❶即可将汽车标号为❶,类似可对"火车"标号为❷,"地铁"标号为❸,"自行车"标号为❹。这样就可以生成一个简单的交通思维导图,如图 8 - 16 所示。

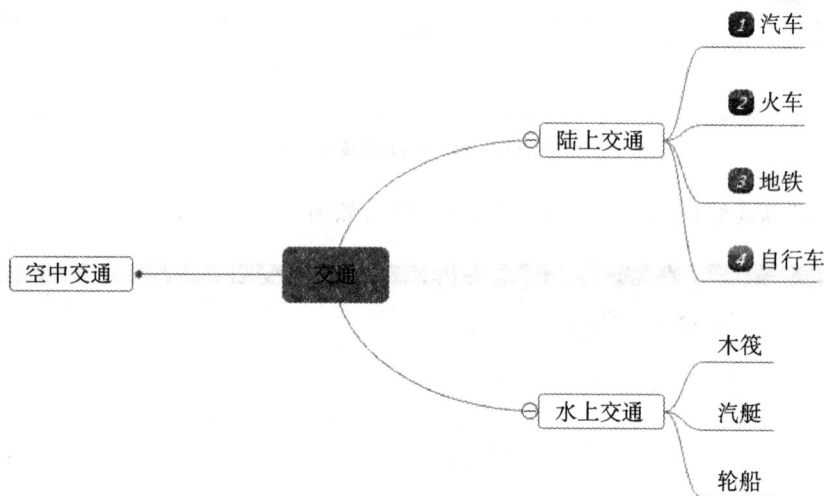

图 8 - 16　交通思维导图

4. MindManager

MindManager 是一款创造、管理和交流思想的思维导图软件。这款强大的思维导图工具有着直观、友好的用户界面和丰富的功能,可以轻松地拖放操作,非常方便地添加图像、视频、超链接和附件,能很好地帮助人们组织和管理思维、资源和项目进程。作为一个组织资源和管理项目的方法,可从脑图的核心分枝派生出各种关联的信息和想法,能很好地提高项目组的工作效率和小组成员之间的协作性。MindManager 软件最大的优势是同 Microsoft Office 无缝集成,快速将数据导入或导出到 Microsoft Word,PowerPoint,Excel,Outlook,Project 和 Visio 中,受到职场人士的青睐。其版本不断升级,从最初有影响力的 MindManager Pro 5、MindManager Pro 6、MindManager Pro7、MindManager Pro 8,到现在的 MindManager 2019,MindManager 的操作越来越接近人性化,已经成为很多思维导图培训和教育机构的首选软件。

另外,还有 iMindMap、FreeMind、MindMapper、NovaMind、MindNode、Mindomo 等诸多软件,可以根据软件的特点、电脑系统的配置、学习工作的需要等不同情况选择更加合适的软件来安装使用。

思政联结

思维导图！新时代中国特色社会主义思想谱系，收好！

☞ 扫码见全文《新时代中国特色社会主义思想谱系》

训练题

一、选择题

1. (   )不是比较常用的思维导图软件。

    A. MindMaster B. Adobe Audition C. Free Mind   D. Mindmaps

2. 下列说法错误的是(   )。

    A. 中心主题是人们思考问题的出发点，也是思维导图的中心

    B. 思维导图具有比拟人类思维的强大功能

    C. 思维导图的模板和风格应尽量做到和主题风格协调一致

    D. Xmind 是常用的思维导图软件

二、创作题

1. 选择相关软件，以"互联网""大数据""云计算"或"区块链"为主题，绘制一个两个层级的思维导图。

2. 选择相关软件，以"大学生""21 世纪"或"科技革命"为主题，绘制一个三个层级的思维导图。

第二章

创新与创新思维

第九节

创新理论

一、问题思考

1. 我们经常见到农民伯伯把一头大水牛拴在一个小木桩上,如图9-1所示,你认为水牛会跑掉吗,为什么?

2. 在一个荒无人烟的孤岛上,有两个探险者,他们意外发现一艘小船,如图9-2所示,这只小船每次只能容纳1个人,但他们都乘船过了河。请问,他们是怎样过河的?

3. 如果一个杯子里面装满水,如图9-3所示,在不倾斜杯子、不破坏杯子的前提下,如何把杯子里的水全部取出来?

图9-1　水牛　　　　　　　　　　图9-2　小船　　　　　　　　图9-3　水杯

二、创新的意义

创新,是一个古老而又年轻的概念,是一个全球各地与各行各业共同关注的事情。随着经济、科技、社会和文化的发展,创新已成为人类社会快速发展的强大动力和巨大潜力。现如今,各个国家和民族对创新的重视程度和投入力度可以说是空前的,科学的创新、技术的创新、经济的创新、文化的创新、理念的创新、制度的创新、管理模式的创新等,各行各业的创新呈现出全覆盖、全要素的特性。正如习近平总书记强调,创新始终是推动一个国家、一个民族向前发展的重要力量。创新是引领发展的第一动力。抓创新就是抓发展,谋创新就是谋未来。不创新就要落后,创新慢了也要落后。当前,我国正处在"大众创业、万众创新"的黄金时代,正处在"创新发展、创新立国"的关键时期,要激发和调动全社会的创新激情,培育持续的、高水平的创新能力,形成以创新为引领和支撑的经济增长体系和社会发展模式,实现中华民族伟大复兴的中国梦。

党的十八届五中全会确立了"创新、协调、绿色、开放、共享"五大发展理念,这是在深刻总结国内外发展经验和教训、分析国内外发展形势和趋势的基础上形成的,是针对我国发展中出现的突出问题和矛盾、发展中确定的"两个一百年"奋斗目标和中华民族伟大复兴的中国梦提出来的,是新时期我国发展思路、发展方向和发展着力点的集中体现,是引领我国经济社会发展的理论先导和科学指南。在五大发展理念中,创新位居首位,足以证明创新的核心作用和重要价值。中国发展到今天,已成为世界第二大经济体,中国人民从站起来、富起来到强起来,取得了举世瞩目的成就。但面对百年未有之大变局,要实现"两个一百年"奋斗目标和中华民族伟大复兴的中国梦,我们在经济、科技、文化、制度等方面还需要实现新的更大的突破,这就需要靠创新来引领发展,用创新来实现突破,把创新作为民族之魂。

三、创新的概念

创新,是当今社会生活中的热词和高频词,但在不同的语境中,人们有不同的认识和理解,有不同的使用习惯和表达方式,也有不同的意义和内涵。《现代汉语词典》把"创新"解释为"抛开旧的,创造新的;革新"。在英文中,创新是 Innovation,它起源于拉丁语,有三层含义:更新;创造新的东西;改变。在经济和社会领域多理解为"生产或开发一种新产品;更新和扩大产品、服务和市场;发展新的生产方法;建立新的管理制度"。在学术界,创新是以新思维、新理念、新方法、新发明和新创造为特征的一种概念化过程,有三层含义:第一,更新;第二,创造新的东西;第三,改变。狭义地说,创新是个体根据一定的目的和任务,运用已知的手段和条件,产生出新颖、有价值的成果的认知和行为活动。

一般而言,创新是指以提出有别于常规或常人思路的见解为导向,利用现有的知识和物质,在特定的环境中,本着满足社会的需求或理想化的需要为目的,改进或创造新的事物、方法、元素、路径、环境,并能获得一定有益效果的行为。

创新是人类特有的认识能力、实践能力和创造能力,是人类主观能动性的高级表现,是推动民族进步和社会发展的不竭动力。一个国家、一个地区、一个民族要想走在时代的前列,就一刻也不能停止创新。从本质上说,创新是人类创新思维的外化、物化、形式化。

"创新理论"奠基人约瑟夫·熊彼特(Joseph Alois Schumpeter,1883~1950)认为,创新是生产要素的重新组合,是建立一种新的生产函数,包括 5 个方面内容:采用一种新产品或产品的一种新特性;采用一种新的生产方法;开辟一个新的市场;掠取或控制原材料或半制成品的一种新的供应来源;采用新的组织形式。熊彼特的创新理论更多的是经济领域的创新。

其实,在当前社会,创新的种类远不止这些,更不局限于技术创新和产品创新,创新已渗透到各行各业,触及各个领域,归纳起来主要有:思维创新、产品(服务)创新、技术创新、组织与制度创新、管理创新、营销创新、文化创新。

创新一般具有以下几个特征:

（1）目的性，任何创新活动都具有一定的目的性；

（2）变革性，创新是对已有事物的改变和革新；

（3）超前性，创新是不满足现状、超越现实的活动；

（4）新颖性，创新是革除过时的内容、扬弃不合理的事物，创立新的事物；

（5）价值性，创新成果应该具有具体的、明显的经济或社会价值或效益；

（6）风险性，创新面临着成功与失败的可能性、收益与损失的不确定性。

创新的作用主要有以下几个方面：

（1）创新能不断满足人类生存与发展的需要；

（2）创新有利于深化人类对客观世界的认知；

（3）创新有助于提高人类对客观世界的驾驭能力；

（4）创新是为了解决人类社会实践中遇到的各种问题。

创新的基本原理：

（1）创新是人脑的一种机能，与生俱来；

（2）创新是人类的本质属性，人人皆有；

（3）创新是可以被某种因素激活或教育培训引发的一种潜在心理品质，潜力巨大。

创新的基本原则：

创新的基本原则是开展创新活动所依据的基本法则和判断创新构思所凭借的基本标准，主要包括以下几个原则。

1. 科学原理原则

创新虽然是破旧立新、创造新事物的工作，但也必须遵循科学技术原理，不得违背科学发展规律。任何有悖于科学技术原理的创新都无法获得成功，人类历史上对不消耗任何能量、又源源不断对外做功的"永动机"的创造最终失败，就是因为它违背了"能量守恒"的科学原理。因此，在进行创新构思，开展创新活动过程中，要加强以下几项工作：

（1）对发明创造设想进行科学原理相容性检查。人们的创新设想在实践和转化之前，应该先进行科学原理相容性检查，如果某一创新设想与已经被证明的科学原理不相容，则这样的设想就不可能获得创新成果。与科学原理是否相容，是创新设想有无生命力的前提条件。

（2）对发明创新设想进行技术方法可行性检查。任何事物的发展都无法超越现有条件的制约，在设想变为现实的过程中，还必须要进行技术方法可行性检查，如果设想所需的条件超过现实条件，超越现有技术方法可行性范围，那么，该设想在目前阶段只能是一种空想。

（3）对创新设想进行功能方案合理性检查。任何创新设想在功能上都会有所创新或增强，但一项创新设想的功能体系是否合理直接关系到创新成果的实用与推广价值，由此，有必要对其功能的合理性进行检查。

2. 市场评价原则

创新设想要获得成果和成功，必须经得起市场的考验，要按照市场的定位和需求、市场的价值与价格、市场的寿命与周期、市场的潜力与拓展、市场的风险与替代等标准来考察创新产品的特色与前景。正如发明家爱迪生所说："我不打算发明任何卖不出去的东西，因为不能卖出去的东西都没有达到成功的顶点。能销售出去就证明了它的实用性，而实用性就是成功。"

3. 相对较优原则

创新是为了追求更好、更优、更加理想和先进的结果,但不可能是十全十美的结局。在创新过程中,人们可能会产生许多创新设想,它们各有所长,这就需要人们按相对较优的原则对设想进行判断和选择,特别是要从以下几个发明进行比较:

(1) 从技术先进性上比较。技术先进性是创新设想或成果的重要指标,多个创新设想的选择要突出技术先进性的比较,尤其是将创新设想同已有技术手段进行比较,选择领先和超前的技术。

(2) 从经济合理性上比较。经济合理性是评判一项创新成果的重要指标,对各种创新设想可能产生的经济成本和经济效益要进行充分合理比较,选择成本低、效益高的设想。

(3) 从整体效果上比较。技术和经济应该相互支持、相互促进、协调统一、体现整体效果,创新设想或成果的选择与判断应该从整体效果上做出客观的、全面的评价。

4. 机理简单原则

创新发明是永无止境的过程,但结构复杂、功能冗余、使用烦琐的创新设想或成果都是不成熟、不先进的表现,创新还是要坚持机理简单、结构简洁、使用简便的原则。

5. 构思独特原则

创新追求超凡脱俗、超越现实或前所未有的设想或成果,因此,创新贵在新奇、贵在独特、贵在行业领先、贵在填补空白。构思的新颖性、独特性、开创性是创新的重要原则。

6. 不轻易否定原则

创新的过程是大胆设想、小心求证的过程,在设想或求证过程中,特别要防止轻易否定现象,由于人们的主观判断,或基于现有的常规技术、理论或方法对创新设想的否定是扼杀创新的表现。要珍惜创意和构想,允许试验和探索,鼓励遐想和尝试,宽容失败或失误,营造宽松和谐的创新氛围。

四、创新过程

我们听过,瓦特从烧开水的水壶盖被蒸气顶起来的现象中受到启发从而发明了蒸汽机,牛顿从苹果落地的现象中受到启发从而发现了万有引力,门捷列夫在玩纸牌时想出了元素周期表,创新的故事是感人的,创新的成果是令人激动的,但创新的过程究竟如何呢?是不是都像这些故事所描述的那样巧合、那样偶然或那样浪漫呢? 实际上,创新的过程是很艰难的、甚至是很漫长的,只有了解创新过程,才能更好地开展创新工作。

英国心理学家 G. 沃勒斯提出创新"四阶段"理论,他把创新过程分为准备期、酝酿期、明朗期和验证期。

第一阶段:准备期

准备期是发现问题和提出问题阶段。一切创新的诱发都是从问题开始,从现有状况与理想的差距开始。正如爱因斯坦所说:"提出问题往往比解决问题更重要,解决问题不过是数学或实验上的技能而已,而提出问题并非易事,需要有创新性的想象力。"发现问题、提出问题后需要为解决问题做充分准备,包括必要的信息和资料收集、知识和经验储备、技术和设备筹集以及其他条件的准备。同时,需要了解前人在同一问题上所积累的经验、对该问题解决的方案和尚未解决的方面。这样既可避免重复前人的劳动,又可汲取前人的经验;既可了解前人的困难和障碍,又可为新的探索创造心理准备。

第二阶段:酝酿期

酝酿期是深度沉思和思维发散阶段。需要对前一阶段收集的资料和信息进行归纳整理、加工处理和消化吸收,明确问题的关键所在、重点所在、难点所在,并提出解决问题的各种假设和方案。经过这个过程的思考和酝酿,有些问题会得到初步的解决,也有些问题会遇到困难和中断,初步方案的可行性和困难问题的可解性会在人脑中留下待解的任务、无形的压力、潜在的思索和挥之不去的渴望,这个时期往往要耗费很长的时间和很大的精力,是大脑高强度活动时期,需要从正反、纵横、内外等角度进行发散思维,让各种设想在脑海中聚合、交叉、碰撞、比较和选择,要充分体现每一种设想的优势和长处,同时也要充分暴露每一种设想的缺陷和不足,然后做出合理有效的选择。正如法国科学家 H·彭加勒所说:"所谓发明,实际上就是鉴别,简单来说,就是选择"。酝酿时期的思维强度大、难度也大,往往是百思不得其解,屡试屡败,但又欲罢不能,这个时期需要坚持、毅力、不断战胜自我,需要优秀的心理素质和坚强的理想信念,需要等待良好的契机和状态。

第三阶段:明朗期

明朗期也就是顿悟或突破期。经过酝酿阶段对问题的长期思考、反复琢磨和仔细推敲,在某种信息的刺激或引诱下,新的观念或方法可能突然闪现,有种"山重水复疑无路、柳暗花明又一村"的通达和开朗,有种"众里寻他千百度,蓦然回首,那人却在灯火阑珊处"的意外和惊喜,有种"踏破铁鞋无觅处,得来全不费功夫"的释然和解脱,就像阿基米德在浴池中发现浮力现象一样欣喜若狂。这是智慧的迸发、灵感的出现和茅塞顿开的彻悟。

第四阶段:验证期

验证期是论证和完善阶段。明朗期瞬间产生的灵感或突破,难免有些幼稚、粗糙或缺陷,需要进一步整理、完善和论证,需要经过理论上的验证或实践的检验,验证其正确性、可行性和创新性。经过验证,有的方案得到确认,有的方案需要改进,也有的方案被彻底否定。只有经过检验是正确的、可行的创新设想才值得进一步深化和转化。这个时期需要严谨周密的安排、耐心细致的操作、不骄不躁的心理状态。

五、创新能力

人类在认识和改造社会与自然的过程中,不同国家和民族呈现出明显的差异,同一国家和地区在不同的历史阶段也表现出不同的状态和结果,其中,创新能力和水平是造成这种状态和差异的根本原因。

创新能力是指人们在各种社会实践活动中不断提供具有经济价值或社会价值的新思想、新理论、新方法和新发明的能力,是人们在以原有知识和经验为基础来创建新事物的活动过程中表现出来的潜在的心理品质。

创新能力包含三层含义：

一是形成新思想、新理论、新方法或创意的能力；

二是利用新思想、新理论、新方法或创意创造出新技术、新产品等新事物的能力；

三是创造和实现新事物价值的能力。

创新能力体现出三个重要作用：

一是能促进人们的创新思维；

二是能推动人们的创新实践；

三是能帮助人们解决各种理论或现实问题。

一个人的创新能力是由多种能力构成的，它们包括学习能力、观察能力、想象能力、分析能力、批判能力、综合能力、实践能力、组织协调能力、创造能力和解决问题的能力等。因此，创新能力具有两个主要特征：一是综合独特性，一个人的创新能力不是单一的，而是几种能力的综合，具有独特的、鲜明的个性色彩；二是结构优化性，一个人的创新能力在构成上呈现出明显的结构性和优化性特征，而且是一种深层或深度的有机结构，能发挥出超乎寻常的、意想不到的创新功能。

创新能力形成的原理：遗传是人的创新能力形成的生理基础和必要的物质前提，它潜在决定着个体创新能力未来发展的类型、速度和水平；环境是人的创新能力形成和提高的重要条件，环境优劣直接影响着个体创新能力发展的速度和水平；实践是人的创新能力形成的唯一途径，实践也是检验创新能力水平和创新活动成果的尺度标准；创新思维是人的创新能力形成的核心与关键，创新思维的一般规律是先发散后集中，最后解决问题。

创新能力就是一种潜在的创造力，是人人皆有的、但需要经过开发才能释放的、而且是无穷无尽的能力。正如著名的教育家陶行知先生所说："人类社会处处是创造之地、天天是创造之时、人人是创造之才。"因此，创新被誉为一个民族进步的灵魂，一个国家兴旺发达的不竭动力。加快培养创新人才，培养一个人的好奇心、审美力、想象力、抽象概括力、坚韧不拔的毅力、兴趣广泛的活力、胸怀博大的气节、冒险挑战的精神、刻苦钻研的品质，培养具有创新能力的人才，已成为时代的呼唤和强音。

思政联结

1. 习近平总书记谈创新
2. 习近平总书记的创新观
3. 习近平总书记以创新点燃科技强国引擎
4. 习近平：科技创新、制度创新要两个轮子一起转

扫码见全文
《习近平总书记谈创新》

扫码见全文
《习近平总书记的创新观》

☞ 扫码见全文
《以创新点燃科技强国引擎》

☞ 扫码见全文《科技创新、
制度创新要两个轮子一起转》

训练题

一、选择题

1. 如果某人按照衣夹的样子,用金属材料制作了一个巨大的"衣夹",并把它竖立在一座商厦的前面,你认为这是不是一种创新?(　　)。

A. 不是,它仅仅是将衣夹放大了很多倍,算不上创新

B. 不是,衣夹是晒衣时用的,放在商厦前面只是放置的地点变了

C. 是的,因为它与众不同,并且具有视觉冲击力和欣赏价值

D. 是的,因为它是艺术创作,属于创新

2. 在社会生活中,阻碍人们创新的根本原因是(　　)。

A. 思维定式　　　B. 知识欠缺　　　C. 心智模式　　　D. 心智枷锁

3. 下面关于创新的描述,正确的是(　　)。

A. 创新必须在拥有丰富知识的基础上才能进行

B. 创新就是要发明一个全新的事物

C. 将两件平常的事物进行重组也可能是一种创新

D. 创造出来的东西必须有实用价值才算真正的创新

4. 依据创新"四阶段"理论,下列不属于创新活动阶段的是(　　)。

A. 准备阶段　　　B. 孕育阶段　　　C. 证实阶段　　　D. 生产阶段

二、简答题

1. 什么是创新?创新有什么特征?

2. 创新原理和原则分别是什么?

3. 创新能力是什么?创新能力形成的原理是什么?

4. 创新方法主要有哪些?

三、分析题

1. 你认为"砖头"有哪些诸多用途,为什么?

2. 若 A 能够带动 B,如:火车头能够带动列车。你能列举出 10 种 A 和 B 的例子吗?

3. 如果你想经营一家家政服务公司,你能写出一句新颖简洁、别出心裁的广告语吗?

4. 请你评说一下"共享单车"的缺陷及改进办法是什么?

5. 美国心理学之父威廉·詹姆士曾经说过:"人类能通过改变他们思维的态度来改变他们自己的生活。"你对这句名言怎么理解?

第十节

创造发明

纵观人类的发展历程,从远古时期的茹毛饮血,到现代生活的烹调煮炸;从远古时代的游走森林洞穴,到现代生活的住进高楼大厦;从石器时代的刀耕火种,到现代社会机械化、信息化、智能化的生产生活;从原始社会的愚昧野蛮到现代社会的智慧文明……人类社会的每一次进步、每一次变革、每一次飞跃,都离不开人类的创造发明,也正是人类数以万计的创造发明推动了人类社会历史的车轮不断滚滚向前。所以说,人类社会的发展史就是一部创造发明史。

一、人类的发明创造成果

人类社会为了生存、生产和生活的需要,为了改革、建设和发展的需要,为了兴趣、爱好和价值实现的需要,为了认识世界、把握世界和改造世界的需要,经过不断的试验、实践和探索,不断的尝试、失败、再尝试、再失败,甚至付出生命的代价,最后发明和创造了一系列的成果,下面列举一些人类发明创造的重要成果,以便探寻发明创造的历程与艰辛。

公元前 400 万年左右,东非的史前人发明了石刀和石器。

公元前 1 万年左右,地中海沿岸居民发明了捕鱼的渔网。

公元前 4 000 多年,美索不达米亚人发明了楔形文字。

公元前 11 世纪,中国人发明制造了瓷器。

公元前 5~4 世纪,中国人发明创造了军事防御用的世界最长的城墙——万里长城。

公元前 130 年,亚历山大的西罗发明了汽轮机。

公元 78~139 年,张衡发明了世界上第一架测量地震方位的"候风地动仪"。

公元 225~295 年,刘徽首创割圆术,为计算圆周率建立了严密的理论和完善的算法。

公元 605~611 年,中国人发明修建了世界上里程最长、工程最大、开凿最早的人工河道——京杭大运河。

公元约 972~1015 年,中国的毕昇发明了活字印刷术。

公元 1450 年,德国的约翰·谷登堡发明了印刷机。

公元 1589 年,英国的威廉·李发明了针织机。

公元 1590 年,荷兰的詹生父子发明了显微镜。

公元 1609 年,意大利的伽利略发明了空气温度计。

公元 1666 年,英国的牛顿创立了微积分。

公元 1712 年,英国的纽科曼发明了活塞式蒸汽机。

公元 1776 年,英国的詹姆斯·瓦特发明了工业用的独立冷凝器蒸汽机。

公元 1800 年,意大利的伏打发明了伏打电池。

公元 1923 年,英国的物理学家发明了电磁铁。

公元 1827 年,英国的约翰·约克发明了摩擦火柴。

公元 1720 年,德国的法伦海特发明了水银温度计。

公元 1733 年,英国的约翰凯发明了机械化快速织布工具——飞梭。

公元 1752 年,美国的富兰克林发明了避雷针。

公元 1767 年,英国的哈格里夫斯发明了珍妮纺织机。

公元 1831 年,英国的法拉第发明了直流发电机。

公元 1837 年,美国的达文波特发明了实用电动机。

公元 1837 年,美国的莫尔斯发明了电报。

公元 1859 年,法国的伯朗台发明了实用蓄电池。

公元 1862 年,美国的加特林发明了机关枪。

公元 1867 年,瑞典的诺贝尔发明了黄色炸药。

公元 1876 年,美国的贝尔发明了电话。

公元 1877 年,美国的爱迪生发明了留声机。

公元 1880 年,美国的爱迪生发明了电灯。

公元 1884 年,美国的瓦特曼发明了自来水笔。

公元 1885 年,德国的戴姆勒发明了汽车。

公元 1895 年,德国的伦琴发明了 X 光管。

公元 1904 年,英国的弗莱明发明了二极管。

公元 1942 年,意大利的恩里克·费米在芝加哥大学发明安装了世界上第一个原子反应堆。

公元 1946 年,美国的莫克利和艾克特发明了世界上第一台通用计算机"ENIAC"。

公元 1947 年,美国的巴丁、布莱顿和萧克发明了半导体晶体三极管。

人类社会历经漫长的发展历程,在各方面发明创造了不计其数的成果,解决人类社会存在的诸多问题,满足人类社会的不同需求。但随着社会的发展和进步,人类发明创造的步伐越来越快,发明创造的成果也越来越多,对推动人类社会的发展又产生了重要的作用。《中国发明与专利》杂志社 2009 年遴选出 18 大类 100 项人类有史以来最伟大的发明与发现,见表 10-1,这些发明发现至今影响着人类社会生活的方方面面,基本反映了人类发明与发现的总体面貌。

表 10-1　人类有史以来最伟大的 100 项发明与发现

类别	发明与发现
食品、饮料篇	面包,方便面,罐头,豆腐,啤酒,冰激凌,咖啡,香烟,人造黄油,味精
工具·日用品篇	纽扣,拉链,伞,剃须刀,洗衣机,冰箱,眼镜,熨斗,微波炉,抽水马桶

续　表

类别	发明与发现
文化篇	文字,书,颜料,圆珠笔,速记,地图,报纸,钢琴,唱片,立体声
医疗手段·医用器械篇	脉诊,输血术,听诊器,体温表,X光机,心电图,超声波诊断仪,CT,核磁共振,助听器
人造器官·生物科技篇	假牙,人造假肢,器官移植,人工心脏,人造肾脏,人造皮肤,人造血液,心肺机,试管婴儿,克隆技术
金融·商业·化工篇	票号,钱庄,股票,信用卡,超市,炸药,化肥,橡胶,染料,化妆品
邮政·通讯篇	邮票,邮政编码,电报,电话,传真机,无线广播,短波通讯,微波通讯,光纤通信,同步卫星
军事·航天篇	枪,坦克,潜艇,航空母舰,降落伞,飞机,火箭,人造地球卫星,空间站,航天飞机
生活·运输篇	尼龙,塑料,玻璃,水泥,电池,电梯,不锈钢,汽车,红绿灯,地铁
光·电篇	摄影术,照相机,电灯,硅片,电子管,电子计算机,因特网,机器人,电影,电视机

二、发明与发现

1. 什么是发现

根据新华词典的解释,发现是指经过研究、探索等方式看到或找到前人没有看到的事物或规律。在这里,我们要准确理解"发现"的含义,还需要进一步了解什么是事物,什么是规律。

事物是指客观存在的一切物体和现象。事物指的是自然界和社会中的现象和活动。事是意志的行为,也是意志的描述。只因人的存在而存在,可以用时间概念来描述的一切就是事。物指的是人以外的具体的东西,如生物、货物、礼物、文物。自然环境里,不因人的存在而存在,通过认识能用空间概念来描述的一切就是物。

规律是事物之间内在的、本质的、必然的、稳定的联系。在事物的变化发展过程中,既有偶然的、转瞬即逝的方面,也有其必然的、稳定的方面。而规律就是事物内在的根据和本质联系。如:牛顿万有引力定律——任意两个质点有通过连心线方向上的力相互吸引,该引力大小与它们质量的乘积成正比,与它们距离的平方成反比,与两物体的化学组成和其间介质种类无关。万有引力定律第一次解释了一种基本相互作用的规律,揭示了天体运动的规律。再如:元素周期律——元素的性质随着元素的原子序数(即原子核外电子数或核电荷数)的递增呈周期性变化的规律。揭示了元素的化学性质与原子系数之间的本质联系。规律是客观存在的、是不以人们的意志为转移的规则,它是事物运动过程中固有的、本质的、必然的、稳定的联系,独立于意识之外,但人们能够通过实践认识和利用它。

发现就是指客观存在的事物或规律被人们意识到、看到或找到。如:考古中,甲骨文的发现、恐龙化石的发现、江苏苏州木渎古城遗址的发现、江西景德镇南窑唐代窑址的发现。科考中,物种的发现、原始森林的发现、棕榈化石的发现。生物学研究中,细胞的发现、细胞核的发现、遗传密码的发现、DNA 的发现。经济活动中,马克思剩余价值理论的发现。生活中,小张有睡觉打呼噜习惯的发现、小王有打篮球爱好的发现,等等。这些已存在的事物或规律被人意识到并揭示出来的过程就是发现。

2. 什么叫发明

根据新华词典的解释,发明主要有两层含义:一是作动词,意思是"创造(新的事物或方法)",如发明指南针,火药是中国最早发明的。二是作名词,意思是"创造出的新事物或新方法",如新发明,中国古代四大发明。

发明是指客观世界中原先没有的东西被人们创造出来。人类在进化发展过程中,最初从山洞里走出来,一无所有,但为了生存、生产和生活的需要,他们发明了石刀、石斧、石针和石器等工具,发明了钻木取火,发明了房屋,发明了陶罐生活用具;到农业社会,发明了龙骨水车,发明了铜器,发明了铁器,发明了铁农具;到工业社会,发明了蒸汽机,发明了发电机、电动机,发明了无线电设备等。这些发明大大促进了生产力的发展,极大地改变了人类生产、生活的方式。

3. 发明等级

发明创造,除了像爱迪生发明电报机、电灯这样的重大成果之外,还有大量形式各异、层次质量不同的发明创造,小到一个物体微小的改进,大到一个科学理论的创建,不同的发明创造所蕴含的科学知识、技术水平都有很大的区别,不同的专利成果在创新程度上也有很大的差异。TRIZ 理论(发明问题解决理论)按照新颖程度将发明专利或发明创造分为五个等级。

第一级:最小型发明。它是指对产品的参数进行一般性优化或单独组件进行少量变更,一般为通常的设计或对已有系统的简单改进,不会影响产品系统的整体结构情况。这类发明不需要任何相邻领域的专门技术或知识,问题解决主要凭借个人的知识和经验。例如,通过增加玻璃的厚度来减少热损失,起到更好的保温效果。用大卡车代替小卡车来降低运输成本,改善工作效率等。据统计,大约有 32％的发明创造或发明专利属于第一级发明。

第二级:小型发明。它是通过解决一个技术矛盾对已有系统进行少量改进或系统中某个组件发生部分变化,以定性方式改善产品。这类问题的解决主要采用行业内已有的理论、知识和经验,通过与同类系统的类比即可找到新的解决方案。例如,将榔头的手柄造成中空的,可以用来储藏钉子,给使用带来方便等。约有 45％的发明创造或发明专利属于第二级发明。

第三级:中型发明。对已有系统的根本性进行改进或系统中几个组件发生全面变化,大概要有上百个变量的改善。这类问题的解决需要采用领域外的知识和方法,但不需要借鉴其他学科的知识。例如,水性圆珠笔、登山自行车、无线鼠标等。约有 19％的发明创造或发明专利属于第三等级。

第四级:大型发明。它是采用新的原理对已有系统基本功能实现创新,从而创造出新的事物。这类问题的解决主要是从科学的角度而不是工程的角度出发,充分利用科学知识、科学原理,综合其他学科领域知识实现新的发明创造。例如,内燃机、集成电路、电脑等。大约有 3.7％的发明创造或发明专利属于第四级发明。

第五级:特大型发明。这是最高级的发明,主要指那些罕见的科学原理,一般是先有新的科学发现,然后才有广泛的科学运用。这类问题的解决主要是依据自然规律的新发现或科学的新发现。例如,蒸汽发动机、飞机、激光等。大约有 0.3％的发明创造或发明专利属于第五级发明。

平时,我们见到的绝大多数发明都属于第一、二和三级,尽管它们的层级较低,但它们对技术的不断完善也起到重要的作用。第四、五级发明属于高级别发明,它们对推动科技创新和社会进步具有重大意义,但这样的发明也极其艰难,数量相当稀少,往往需要一代又一代人的共同努力才能实现。

4. 发现与发明的关系

(1) 发现与发明的区别

发现是发觉或查明客观世界本来就存在但不为人知的事物或规律,是一个探索与揭示的过程,是认识世界的过程。发明是利用自然规律和技术手段创造出前所未有的事物或方法,是改造世界的过程。发明与发现的最大区别在于:发明是创造新事物的过程;发现是揭示未知事物的存在和属性的过程。牛顿发现万有引力、门捷列夫发现元素周期规律、法拉第发现电磁感应现象、伦琴发现 X 射线、居里夫人发现钋和镭的天然放射性现象、汤姆逊发现电子等对人类的贡献是重大发现而不是发明。

为了鼓励发明创造,推动发明创造的应用,提高创新能力,促进科学技术进步和经济社会发展,国家专门制定了《专利法》,保护专利权人的合法权益。《专利法》所称的发明创造是指发明、实用新型和外观设计。其中,发明是指对产品、方法或者其改进所提出的新的技术方案。实用新型是指对产品的形状、构造或者其结合所提出的适于实用的新的技术方案。外观设计是指对产品的形状、图案或者其结合以及色彩与形状、图案的结合所做出的富有美感并适于工业应用的新设计。依据《专利法》,只有具备新颖性、创造性和实用性,并符合专利法规定的其他条件的发明创造,才属于专利保护的智力成果,可以依法取得专利权。但按照《专利法》第二十五条规定,科学发现是对自然界中已经客观存在的未知物质、现象、变化过程及其特性和规律的发现和认识,本身不是一种技术方案,不能直接实施用以解决一定领域内的特定技术问题,不属于专利法所说的发明创造,因而不被授予专利权。

(2) 发现与发明的联系

尽管发明和发现有本质的区别,发明创造不同于科学发现,但它们从来都不是相互分离的,而是存在密切的联系。科学发现是立足于弄清客观存在的事物,查明物质世界的特性、现象和规律,从而创造出新知识和新理论。科技发明是着眼于创造出新事物和新方法。重大发明往往是需要科学理论知识或科学技术原理支撑的,发明创造的事物和方法也必须符合科学原理。因此,重大的科学发现往往会导致一系列新的发明。同样,有价值的重大发明也可能引起科学上的重大发现。例如,热力学规律的发现,促进了一系列蒸汽机的发明,特别是瓦特蒸汽机的发明,引发了第一次工业革命。电磁感应现象的发现,促进了发电机、电动机、电话机、无线电报等电气设备的发明,从而引发了第二次工业革命。浮力定律的发现,促进了轮船和潜艇的发明,推动了航海事业的发展。英国病理学家弗洛里在弗莱明发现青霉素的基础上发明了一种划时代的新药——青霉素制剂,挽救了千千万万人的生命。所以,发现是发明的重要源泉和理论依据。当然,规律可以超越时代被发现,但所发现的规律并不代表可以立刻被利用来发明东西。发明创造与技术创新之间通常存在一定的滞后期,历史上重大技术创新与发明之间的滞后期见表 10-2。

表 10-2 发明创造与技术创新之间的滞后期

序号	技术与产品	发明年份	创新年份	滞后期
1	日光灯	1859	1938	79
2	采棉机	1889	1942	58
3	拉链	1891	1918	27
4	电视	1919	1941	22
5	喷气发动机	1929	1943	14
6	雷达	1922	1935	13
7	复印机	1937	1950	13
8	蒸汽机	1764	1775	11
9	尼龙	1928	1939	11
10	无线电报	1889	1897	8
11	三级真空管	1907	1914	7
12	圆珠笔	1938	1944	6

三、创造性活动与创造力

创造是指为社会提供新的、独特的、有价值的产物的活动。创造出来的东西应该是前所未见的,同时具有一定的社会意义和价值的。因此,古往今来,在科学上的发现、技术上的发明、文学艺术上的创作都是创造性的活动。创造性活动包括发现与发明两种方式,真正的创造性活动总是给社会产生有价值的成果,人类的文明史实质上就是创造性活动的发展史。

当然,人类的创造性活动与创造力密不可分,创造力是产生新思想、发现和创造新事物的能力,是顺利完成创造性活动所必需的心理品质,也是知识、智力、能力和优良个性品质等多种因素的综合表现。一个人是否具有创造力,能否创造新概念、新理论、新方法,能否发明新技术、新设备、新产品,能否创作新作品,是区分一个人创造力水平高低、区分人才层次的重要标志。据世界经济论坛估计,创造力是 21 世纪最重要的技能之一,它与解决复杂问题的能力、与他人合作的能力一起,成为未来每个人都必须要具备的三大技能。美国人类行为学家丹尼斯·维特莱博士认为,创造力是最珍贵的财富,你拥有这种能力,就能够把握生活最佳的时机,缔造伟大的成就。

思政联结

1. 看!习近平铺开了一张科技创新简史
2. 习近平:用辛勤劳动创造中国人民的美好生活
3. 人民是历史的创造者!习近平这样盛赞人民伟力

☞ 扫码见全文 《科技创新简史》　　☞ 扫码见全文《用辛勤劳动创造中国人民的美好生活》　　☞ 扫码见全文《人民是历史的创造者》

训练题

一、选择题

1. 在劳动中,人发明了工具,制造出产品,创造了外部生活环境,同时也改变着自己,创造着自己。这一论断的提出者是(　　)。

　　A. 马克思　　　　B. 奥格本　　　　C. 费尔巴哈　　　　D. 马尔萨斯

2. 回顾人类社会的发展史,实际上就是一部不断创新发明的历史,如纺织机、蒸汽机、计算机、机器人的发明……正是这些发明创新,促进了人类社会不断前进和发展。这告诉我们(　　)。

① 科学的本质是创新

② 科技创新推动了人类文明的发展

③ 创新是力量之源、发展之基

④ 假如没有创新,人类社会可能就会停止前进的脚步

　　A. ①②③　　　　B. ①③④　　　　C. ①②④　　　　D. ①②③④

3. 2016 年 5 月 30 日,习近平总书记在全国科技创新大会上发表重要讲话。他强调科技创新是强国富民的关键,要营造让科技成果不断涌现的土壤,发动科技创新的强大引擎。我国如此重视科技创新是因为(　　)。

　　A. 科技创新是解决我国所有问题的关键

　　B. 科学技术是第一生产力

　　C. 科技创新是各国竞争的基础

　　D. 我国一切工作的中心是以科技为中心

4. 按照 TRIZ 理论对创新的分级,"鼠标"属于(   )。

    A. 1 级:显然的解   B. 2 级:少量的改进

    C. 3 级:根本性的改进   D. 4 级:全新的概念

5. 按照 TRIZ 理论对创新的分级,"计算机、飞机"属于(   )。

    A. 2 级:少量的改进   B. 3 级:根本性的改进

    C. 4 级:全新的概念   D. 5 级:发明创造

二、简答题

1. 发明与发现的联系与区别是什么?

2. 为什么说人类社会的发展史就是一部不断创新发明的历史?

第十一节

技术创新

马克思曾指出："生产力中也包括科学。""科学技术是生产力"是马克思主义的基本原理。1988年9月，邓小平同志在全国科学大会上提出"科学技术是第一生产力"的论断，体现了马克思主义的生产力理论和科学观。当今时代是一个科学技术飞速发展的时代，当今社会也成为科学技术日新月异的社会。科学技术是提高综合国力，增强国际地位，推动社会进步，改善人们生活，促进人类文明发展的动力。

一、科学、技术与工程

1. 科学

科学，原意是指分科而学，是通过细化分类（如数学、物理、化学、生物等）研究，逐步形成的完整的知识体系。早在1888年，达尔文就曾对科学下过这样的一个定义："科学就是整理事实，从中发现规律，做出结论。"达尔文认为，科学的基础是事实，科学的本质是规律。因此，科学是在事实的基础上，经过实践检验和严密逻辑论证的、关于客观世界各种事物的本质及其运动规律的知识体系。现代科学，一般包括以自然现象为对象的自然科学，以社会现象为对象的社会科学和以人类思维存在为对象的思维科学。《现代汉语词典》（中国社会科学院语言研究所词典编辑室，1978年）将科学解释为：反映自然、社会、思维等的客观规律的分科的知识体系。《辞海》（1999年版）对科学的解释：科学是运用范畴、定理、定律等思维形式反映现实世界各种现象的本质的规律的知识体系，是社会意识形态之一。科学是通过数据计算、文字解释、语言说明、形象展示等多种方式对客观世界的一种总结、归纳和认证，是在人类社会实践的基础上产生和发展的，是实践经验的总结，是系统化或公式化的知识。我们通常把符合客观实际的主观认识称作科学知识，把符合客观实际的普遍规律称作科学理论，把同一类事物的科学知识的体系称作一门学科。为了充分认识客观事物的内在本质和运动规律，获取科学知识，建立科学理论，人们通常需要利用科研手段和装备来开展调查研究、实验、试制等一系列活动，这些实践活动过程也称作科学研究过程，科学研究的成果是科学知识，科学知识的主要形式是科学概念、定律和理论，科学知识与其本身是否有用、能否带来经济效益和在道德上的善恶没有必然关系。当然，科学研究能为发明创造新产品、新技术提供理论依据。

2. 技术

（1）技术的概念

世界知识产权组织（World Intellectual Property Organization—WIPO）1977 年在《供发展中国家使用的许可证贸易手册》中给技术下过这样的定义：技术是指制造一种产品的系统知识，所采用的一种工艺或提供的一项服务，不论这种知识是否反映在一项发明、一项外形设计、一项实用新型或者一种植物新品种，或者反映在技术情报或技能中，或者反映在专家为设计、安装、开办或维修一个工厂或为管理一个工商业企业活动而提供的服务或协助等方面。这是目前国际上给技术下的最全面最完整的定义。实际上，知识产权组织把世界上所有能带来经济效益的科学知识都定义为技术。联合国工业发展组织（UNIDO）认为，技术是由知识、技艺、技能、专门知识和组织组成的一个系统，它用于生产、销售并利用商品和服务，从而满足经济需要和社会需要，技术不仅是一个具体的事物，而且还包括硬件和软件中包含的知识。

一般地，人们认为：技术是人类为了满足自身的需求和愿望，遵循自然规律，在长期利用和改造自然的过程中，积累起来的知识、经验、技巧和手段，是人类在生产、管理、决策、交换和流通等领域实践活动中所运用的知识、方式方法和技能技巧的总和。技术的表现形式可以是文字、语言、表格、数据、公式、配方等有形形态，也可以是实际生产经验、个人技能或头脑中的观念等无形形态。

技术概念的主要组成因素一般包括：

目的性——突出技术是一种解决方案的含义。

知识性——强调技术是一种对于客观世界的认识的积累。

操作性——表现为技术是一种更多赋予人类自身经验和技能形态的知识。

（2）技术的分类

技术的分类有多种标准，不同的分类标准会产生不同的分类结果。了解技术的分类，有助于深化技术的理解、开发和应用。

① 按照技术的来源划分，技术可分为：

科学性技术——依据科学原理所创造或发明的各种物质手段、方式与方法。

经验性技术——根据直接生产实践经验而总结、归纳、创造或发明的技术。

② 按照技术的功能划分，技术可分为：

产品技术——技术被用来改变某一产品的性能。

生产技术——技术被用于产品的制造过程。

管理技术——整个研究、开发、生产、销售和服务活动的组织（方式）。

交易技术——将产品和服务进行交付的知识和执行这种交付的能力。

③ 按照技术的形态划分，技术可分为：

软件技术——无形的技术知识，包括人们的知识和技能，如专利、商标和专有技术等。

硬件技术——物质形态的技术，是实施软件技术必不可少的手段，如机器设备、测试仪器等技术装备。

软件技术和硬件技术两者的关系是密不可分的。

另外,按照技术在生产中的地位和角色可分为核心技术和一般技术;按照技术的适用范围可分为专门技术和通用技术;按照技术的公开程度可分为公开技术、半公开技术、秘密技术;按照技术的效应可分为产品技术、生产过程技术、管理技术;按照技术的发展阶段和水平可分为尖端技术、高新技术和传统技术。我国《国家高新技术产业开发区高新技术企业认定条件和办法》根据世界科学技术发展趋势和我国的科技、经济、社会发展战略,将高新技术的范围划定为:电子与信息技术;生物工程和新医药技术;新材料及应用技术;先进制造技术;航空航天技术;现代农业技术;新能源与高效节能技术;环境保护新技术;海洋工程技术;核应用技术;其他在传统产业改造中应用的新工艺、新技术。

(3) 技术的特点

技术是人类从事生产活动必不可少的力量源泉,它在一定程度上决定了人类对世界的认识程度、对自然的改造和利用程度,以及对人类生活质量的改善程度,这些因素也就决定了技术具有如下的特点:

◇ 技术属于知识范畴。

◇ 技术是能应用于生产活动的系统知识。

◇ 技术是一种无形资产。

◇ 技术具有私有性。

◇ 技术具有商品属性。

◇ 技术不等同于科学。

3. 工程

随着人类文明的发展,结构或功能单一的产品已经不能满足人们的需要,建造出形态复杂、功能叠加、内容丰富的产品已经成为社会发展的必然需求,如汽车、轮船、飞机、大炮、潜艇、航母的建造,房屋、铁路、桥梁、隧道的建设等。工程,起源于人类生存的需求,伴随着人类社会的进步而发展,有着漫长的历史发展过程。早在公元前 4 世纪,就出现了修建水槽、沟渠等早期工程项目。到十八世纪,欧洲人创造了"工程"一词,其本义是兵器制造、军事目的的各项劳作,后来扩展到更多领域。

"工程"对应的英文单词是 Engineering,人们从不同的角度对它往往有不同的解释。《朗文当代高级英语辞典》定义工程为:一项重要且精心设计的工作,其目的是为了建造或制造一些新的事物,或解决某个问题。《新牛津英语词典》把工程定义为:一项精心计划和设计以实现一个特定目标的单独进行或联合实施的工作。《不列颠百科全书》对工程的解释是:应用科学原理使自然资源最佳地转化为结构、机械、产品、系统和过程以造福人类的技术。《中国百科大辞典》把工程定义为:将自然科学原理应用到工农业生产部门中而形成的各学科的总称。在现代社会中,"工程"概念有广义和狭义之分,狭义的工程是指以某种设想的目标为依据,运用相关的科学知识和技术手段,通过有组织的一群人将某些现有的自然或人造实体转化为具有预期使用价值的人造产品的过程。现代工程的概念十分广泛,涉及的领域也非常多,如土木建筑工程、机械工程、电子工程、通信工程、控制工程、化

工工程、核电工程、管理工程、三峡工程、南水北调工程、载人航天工程、曼哈顿工程等各种工程领域。总之,工程主要有三层含义:

(1)工程建造。工程是人们运用相关科学知识和技术,利用自然资源最佳地获得人造产品的过程或活动。这些活动通常包括:工程的论证与决策、勘察与设计、规划与施工、运营与维护,以及新产品的开发、制造和生产过程。

(2)工程技术。工程是人类为了实现认识自然、改造自然和利用自然的目的,运用科学技术创造的具有一定使用价值或功能的技术系统,如一个发电厂、一幢写字楼、一项水利工程。

(3)工程学科。工程学科是人们为了解决生产实践或社会生活中出现的问题,将科学知识、技术或经验用以设计产品,建造各种工程设施、生产机器或材料的技能,是人们知识的结晶,是科学技术的一部分。

工程具有下列几个属性:

(1)社会性。工程的目的是为人类服务,为社会创造财富和价值。工程的产物要符合社会要求,满足社会需要。所以,工程活动受社会政治、经济、文化等因素的制约。

(2)创造性。创造性是工程的本质属性。在工程活动中,综合应用科学与技术,创造出新的产品,产生新的经济效益和社会效益。

(3)综合性。一方面是工程实践过程所运用的学科和专业知识是综合的,另一方面是工程项目在实施过程中,除技术因素外,通常还要综合考虑经济、文化、法律、道德、风险等综合因素。

(4)科学性与经验性。工程的设计与实施既要遵循科学规律,又要求设计和实施人员必须具备相关领域较为丰富的实践经验。

(5)伦理约束性。为了确保工程的目的是造福人类而不是摧残世界,工程在实施和应用过程中必须要受到道德的监督和约束。缺乏伦理和道德的约束,工程可能会对人类社会产生破坏性甚至毁灭性的影响。

科学、技术与工程是相互联系,又有本质区别的概念。科学是人们对客观世界的认识,是反映客观事实和规律的知识体系。技术是人类为实现某一目的而共同协作组成的各种工具和规划体系。工程是对科学及技术原理的合理使用,以达到基于经验的预期结果。科学主要回答的"是什么""为什么"的问题,技术主要回答"做什么""怎么做"的问题,工程主要回答"做出了什么"的问题。科学是发现,技术是发明,工程是建造。科学活动是受好奇心驱使,主要社会角色是科学家;技术活动是由问题驱使,主要社会角色是技术员和发明家;工程活动是由产品驱使,主要社会角色是工程师。科学研究是创造知识的研究,技术发明是利用知识于需要的研究。工程建设是指建筑工程、线路管道和设备安装工程、建筑装饰装修工程等工程项目的新建、扩建和改建,是形成固定资产的基本生产过程及与之相关的其他建设工作总称。科学是技术的升华,技术是科学的延伸;技术是工程的基础,工程是技术的物化。科学的本质具有共同性、公开性;技术的本质具有适应性、秘密性;工程的本质具有应用性、社会性。

二、技术创新

创新作为经济学的概念,是美籍奥地利经济学家熊彼特(J.A. Schumpeter)1912 年在他的《经济发展理论》一书中提出。熊彼特认为,创新就是把生产要素和生产条件的新组合引入生产体系,即建立一种新的生产函数。后来,经济学家在发展创新理论的过程中把创新分为技术创新和制度创新,这里我们重点介绍技术创新。

技术创新是指以创造新技术为目的的创新或者将已有的技术进行应用创新,如创造一种新的激光技术或以现有的激光技术为基础开发一种新产品或新服务,都属于技术创新。技术创新是基于技术的活动,但不是一个纯粹的技术概念,而是技术与经济的结合,属于经济学范畴的概念,是指人类通过新技术改善经济福利的商业行为。技术创新按照不同的标准也有不同的分类。

按创新程度分类,技术创新可分为:

渐进性创新——是指对现有技术进行局部改进所产生的技术创新。

根本性创新——是指在技术上有重大突破的技术创新,如第五代移动通信手机。

按创新对象分类,技术创新可分为:

产品创新——是指在产品技术变化基础上进行的技术创新。

工艺创新——又称过程创新,是指生产或服务过程技术变革基础上的技术创新。

技术创新的过程。技术创新过程是一个从新产品或新工艺到真正商业化的过程。因此,我们可以把技术创新过程分成六阶段:

(1)创意形成阶段。创意是创造性的想法或构思,是创造意识或创新意识的简称。创意是创新的基础,但创意要变成创新成果往往还需要很长时间,如人造纤维从创意到创新大约用了 200 年,计算机用了 100 年,而航天飞机用的时间更长。

(2)研究开发阶段。研究开发包括科学研究(基础研究、应用研究)和技术开发,其基本任务就是创造新技术,是根据技术、商业、组织等方面的可能条件对创新构思进行实践和创造,研制出可供利用的新产品和新工艺。

(3)中试阶段。中试阶段的主要任务是完成从技术开发到试生产的全部技术问题,检验技术设计和工艺设计的可行性,解决生产中可能出现的技术与工艺问题,这是技术创新过程不可或缺的阶段。

(4)批量生产阶段。在中试成功的基础上,按照规模化、商业化生产要求来实现新产品或新工艺,并及时解决大量的生产组织管理和技术工艺问题。

(5)市场营销阶段。市场营销阶段包括试销和正式营销两个阶段,是把新技术新产品推向市场,实现技术创新所追求的经济效益,完成技术创新过程中质的飞跃。

(6)创新技术扩散阶段。创新技术被赋予新的用途,进入新的市场,如雷达技术从军事用途扩散到移动通信基站、机动车测速等领域,微波技术从最早应用于雷达,到后来用于微波炉的制造等方面。

当然,实际的技术创新过程也不完全是按照上述线性序列的方式进行,有时存在着信息的反馈、过程的循环、活动的交叉,从而出现线性模式、交互模式、链环模式和综合模式。

我们讲,科学是技术之源,技术是产业之源。技术创新是建立在科学原理的基础之上,而产业创新主要建立在技术创新的基础上。产业发展离不开产品创新,产品创新与技术创新既密切相关又相互区别。产品创新侧重于商业和设计行为,具有外在的形式和成果的特征,而技术创新具有内在的属性和过程的特征。技术创新可能带来产品创新,产品创新也可能需要技术创新。一般来说,运用同样的技术可以生产不同的产品,生产同样的产品可以采用不同的技术。产品创新可能包含技术创新的成分,还可能包含商业创新和设计创新的成分。技术创新可能并不带来产品的改变,而仅仅带来成本的降低、效率的提高,例如,改善生产工艺、优化作业过程从而减少资源消费、能源消耗、人工耗费或者提高作业速度。另一方面,新技术的诞生,往往可以带来全新的产品,技术研发往往对应于产品或者着眼于产品创新;而新的产品构想,往往需要新的技术才能实现。

思政联结

1. 《习近平关于科技创新论述摘编》
2. 习近平:提高关键核心技术创新能力 为我国发展提供有力科技保障
3. 关于科技创新,习近平的 13 个妙喻

☞ 扫码见全文《习近平关于科技创新论述摘编》　　☞ 扫码见全文《提高关键核心技术创新能力》　　☞ 扫码见全文《关于科技创新的 13 个妙喻》

训练题

一、选择题

1. 技术创新概念最早是由(　　)1912 年在其著作《经济发展理论》一书中首先提出。

　　A. 斯密　　　　　B. 马歇尔　　　　　C. 瓦尔拉斯　　　　D. 熊彼特

2. 按照熊彼特的创新观点,技术创新的主体是(　　)。

　　A. 企业家　　　　B. 科学家　　　　　C. 技术人员　　　　D. 大学教授

3. 熊彼特认为,创新的目的是(　　)。

　　A. 获取潜在利润　　　　　　　　　B. 挖掘市场潜能

　　C. 获得新的生产方法　　　　　　　D. 创新组织管理

4. 能为科技创新提供知识方面的支持、精神方面的动力和适应的环境和氛围的是(　　)。

　　A. 科技创新　　　B. 制度创新　　　　C. 文化创新　　　　D. 理论创新

5. 从科技创新的阶段性来看,下列不属于科技创新过程的是(　　)。

　　A. 感性阶段　　　B. 概念化阶段　　　C. 研究开发阶段　　D. 市场化阶段

6. 技术创新是一个包容（　　）三类要素的系统。

    A. 技术、经济和社会　　　　　　　　B. 机构、制度和人员

    C. 发明、专利和商标　　　　　　　　D. 资金、实验室和技术人员

7. 技术创新通常被认为是联系科学技术和（　　）的中介与桥梁。

    A. 管理活动　　　　　　　　　　　　B. 投资活动

    C. 经济活动　　　　　　　　　　　　D. 国际经贸交往

二、简答题

1. 什么是科学与技术？

2. 技术创新与技术发明的联系与区别是什么？

3. 一般的工程技术发明往往从哪几个方面进行逆向思维？

4. 简述技术与经济、社会发展的相互联系。

三、调查分析题

调查一个你熟悉的行业（如通信、家电、机械、物流、电子）中的某家企业，分析其技术创新的现状和企业竞争力提升的策略。

第十二节

创新思维

一、问题探索

1. 划线连点

现有一个九点方阵,如图 12-1 所示。请你用一笔画出 4 条直线经过这 9 个点,划线时不允许重复、中断、后退、重叠。

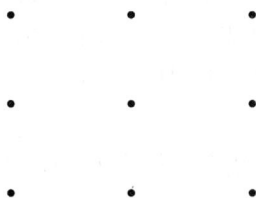

图 12-1　九点方阵

图 12-2　屋顶花园

2. 推销员的故事

据说有两个推销员到一个岛屿上去推销鞋子。第一个推销员来到岛屿上,发现岛上每个人都赤着脚,从不穿鞋,他大失所望,气得要命,没有人穿鞋,怎么推销鞋呀?他失望地离开了岛屿。第二个推销员来到岛屿上,发现人人赤脚,高兴得要命,没有人穿鞋,这是多好的机会呀!他信心百倍地留下来,做起了推销业务。

对待同样一件事情,两个推销员的态度存在极大的反差,你怎么分析这个现象?

3. 屋顶花园

花园,顾名思义是养花种草、供人观赏、净化空气、美化环境的地方。特别是在城市,各种花园、园林因土地资源紧张和空间场地限制而非常稀缺,倍受人们期盼和珍惜。于是,有人提出,把花园建在屋顶上,形成屋顶花园,如图 12-2 所示,既缓解土地紧缺矛盾,又一定程度上满足了人们对花园的需求。你如何看待这个创意?

二、创新思维

1. 创新思维的概念

创新思维，是相对常规思维而言的，是指打破常规思维的习惯，突破常规思维的界限，以超常规甚至反常规的方法和视角去考虑问题，提出与众不同、与常规不同、与习惯不同的解决方案，从而产生新颖、独特成果的思维过程。创新思维，是一种思维方式，是各种思维中最具复杂性、最具独特性、最具挑战性的思维方式。

创新是创新思维的外化或物化，创新思维是创新能力的核心与关键。从功能层面上看，创新思维的本质在于"推陈出新"，产生出前所未有的认识成果；在结构层面上看，创新思维的本质在于"超越传统"，突破原有的思维框架；在机制层面上看，创新思维的本质在于"逻辑与非逻辑的统一"，实现灵活性与严谨性的超常组合。

我们经常讲，思路决定出路，格局决定结局。思路从哪里来？思路源于思维，创新思维创造出不同寻常的思路，产生柳暗花明又一村的出路，造就海阔天高的人生格局，赢得梦想成真的良好结局。

2. 创新思维的特点

创新思维是在考查事物的局部与整体、直接与间接、内部与外部、简易与复杂、过去与未来、横向与纵向、虚拟与现实、优点与缺点、单项与综合、幻想与真实等多层次、多维度、多因素的关系中，破除固有的模式，创造新的事物。创新思维呈现出四大特点：

（1）能动性，就是人们对内部或外界的刺激或影响作出积极的、主动的、有目的的反应或实践的过程。

（2）批判性，是人们在观察、认识、辨别和判断事物的过程中，做出的选择性、反思性、质疑性和改善性的思维倾向。

（3）灵活性，是人们根据时间、地点和条件的变化，及时灵活地改变思维方向、调整思维结构、转换思维路径、变通思维方式的过程。

（4）独特性，是人们不受传统模式和习惯思维的禁锢，通过科学的怀疑和合理的否定，创造出新颖的、独特的和超越性的思想和产品。

3. 创新思维的类型

创新思维是在抽象思维和形象思维的基础上发展起来的多种思维形式，抽象思维和形象思维是创新思维的基本形式，此外还包括聚合思维、发散思维、逆向思维、分合思维、联想思维等。根据思维方式的不同，创新思维的类型主要分为以下几种：

（1）延伸式思维：借助已有的知识和经验，沿袭前人或他人的思维逻辑去探求未知的领域，将认识进一步向前延伸和推移，从而丰富和完善原有知识体系的思维方式。

（2）扩展式思维：在现有研究的基础上，将研究对象和范围加以扩大和拓展，从而获取新的知识和发现，使人的认识进一步扩大和丰富的思维方式。

（3）联想式思维：将一种事物或现象与另一种事物或现象加以关联和比较，从而获得新知识的思维方式。联想思维经常发生在看似不相关的事物之间，建立一种认识的桥梁，将事物联系起来,扩展思路,升华认识,把握规律。联想是创新思维中最活跃、最重要的内容,也是重要的创造技法,主要有以下五种类型:

相似联想——由一事物联想到与其相似的另一事物,如由圆珠笔想到签字笔。

接近联想——因一事物在时间或空间上比较接近而联想到另一事物,如由月亮想到夜晚。

因果联想——由事物的因果关系而产生的联想,如由地面湿滑而想到下雨。

对比联想——由事物之间相对或相反关系产生的联想,如由夏天的炎热想到冬天的冰雪。

强制联想——把两件毫无关系的事物强行联系起来思考,如把女人和花朵联系起来。

在这些联想中,相似联想是比较容易掌握的联想,占有重要地位;强制联想比较困难,但往往能产生更加新颖奇特的创造效果。

(4)运用式思维:运用普遍性原理研究具体事物的本质和规律,从而获得新的认识的思维形式。

(5)逆向式思维:从已有事物或观点的反方向、对立面进行思考和探索的一种思维方式。它是创新思维中最主要、最基本的方式。

(6)幻想式思维:人们对在现有理论和物质条件下,不可能成立的某些事实或结论进行幻想,从而推动人们获取新的认识的思维方式。

(7)奇异式思维:对事物进行超越常规的思考,从而获得新知识的思维方式。

(8)综合式思维:在对事物的认识过程中,综合运用上述几种思维,从而获取新知识的思维方式。

4. 创新思维的策略

创新地解决问题的先决条件是批判分析问题,因此,实现创新驱动发展,不仅要培养公民的创新思考意识,还要使之掌握批判思考技能。创新思维的常见策略有:

(1)头脑风暴:针对某一论题,把头脑中想到的所有东西都写在一张纸上,暂时不做任何加工与判断。

(2)轻松思考:在散步或做其他活动时,允许自己不要过于认真思考。

(3)图解理论:在纸上画出理论构想。

(4)反复自问:针对同一问题反复思考,且每次给出不同答案。

(5)组合思考:将两个不同想法组合起来,看能否产生更多想法。

(6)打破常规:改变日常思维习惯,按不同方式行事。

钱学森曾指出:"实际上,每一个思维活动过程都不会是单纯一种思维在起作用,往往是两种甚至是三种先后交错在起作用。比如人的创造思维过程就绝不是单纯的抽象(逻辑)思维,总要有点形象(直感思维),甚至要有灵感(顿悟)思维。"

三、创新思维案例分析

案例1:钢盔的发明

1914 年第一次世界大战期间,欧洲战场炮火弥漫,机枪、火炮战斗残酷,大批伤员被运到后方。一天,法国有一位叫亚得里安的将军去医院看望伤员,一位伤员讲述了自己受伤的经过:"当时我正在厨房值日,德军炮弹劈头盖脸地打来时,弹片横飞,慌乱中我把铁锅扣在头上,保住了头部,很多人都被炸死了,而我只受了轻伤。"亚得里安将军听完士兵的讲述后感到很高兴,下令军械所按照人的头形制作出钢盔,用来装备军队,减少伤亡,后来人们把这种钢盔叫作"亚得里安钢盔"。

亚得里安由铁锅保住士兵的头部联想到:如果战场上人人都有一顶铁帽,不就可以减少伤亡了吗? 这就是联想思维的作用。

案例 2:塑料马掌的发明

马是一种常见的草食性动物,在地球上出现已有很长的历史。人类的祖先由于生存的需要,经常从事时间比较长、强度比较大的远程跋涉,迫切需要代步工具和交通工具。结果他们发现,马的体能比较强,而且容易顺服,于是将马作为交通工具。后来,随着社会的发展和变迁,出现了战争,马又被人们用来作为战争的工具。为了增强战斗力,人们发明了马鞍、马镫、马鞭和马刺,有效地发挥了人们的作战技能。后来,为了延缓马蹄的磨损,人们又发明了给马脚钉铁马掌,一直沿用到今天。

但铁马掌也有缺陷,铁钉容易脱落,铁马掌容易生锈、打滑摔跤。正如西方流传的一个民谣所说:丢失一个钉子,坏了一只铁蹄;坏了一只铁蹄,折了一匹战马;折了一匹战马,伤了一个骑士;伤了一个骑士,输了一场战斗;输了一场战斗,亡了一个帝国。

由人可以穿鞋联想到马可不可以也穿上马鞋呢?据英国《每日邮报》报道,奥地利动物爱好者鲁伊莎(Louisa)和查理·福斯特乐(Charly Forstner)夫妇经过20多年的研究和试验,终于设计出夹式塑料马掌,如图 12-3 所示,由吸震塑料制成,并取名为"Megasus Horserunners",对马和骑手都带来极大的好处。

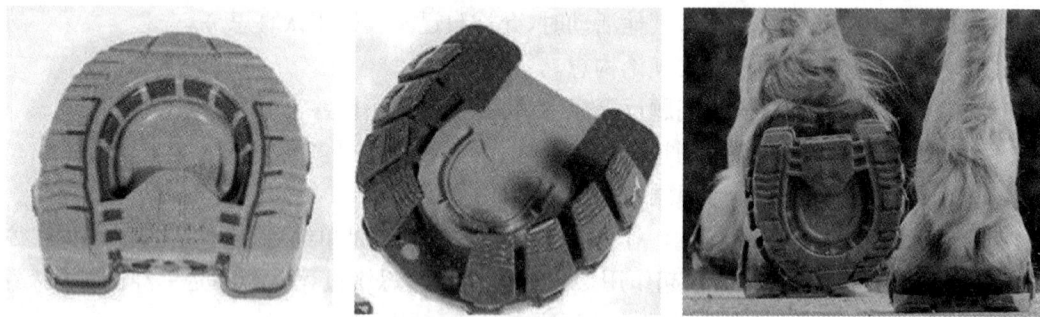

图 12-3 塑料马掌

马可以像人穿鞋一样穿脱马掌,易装易拆,免去钉铁马掌的麻烦;具有吸震功能的塑料马掌有独特的柔韧性,可以保护马蹄的肌腱和韧带,可以让马适应各种地形和环境;克服了铁马掌容易生锈腐蚀、打滑脱落的危险;还节省了钢材,不同颜色的塑料马掌也给马儿带来了美化。

现实生活中，人们利用电来驱动电风扇，产生风来纳凉。但能否利用风来发电，服务生产生活需要呢？风力发电就是运用风能来产生电能，如图12－4所示，这就是一种反常规的视角。

图12－4　风力发电装置

风能是一种清洁的可再生能源，资源丰富，蕴量巨大，全球可利用的风能约为 2×10^7 MW，比地球上可开发利用的水能总量还要大 10 倍。截至 2018 年，中国风电装机容量高达 21 万兆瓦，超过了美国的两倍。这一创新思维为人类做出了巨大贡献。

过去，人们都是根据需要自己购买自行车，这样的自行车就是私人财产，不具有共享性质。由于停车不方便等各种原因，人们购买自行车减少了，同时出行不方便的问题也出现了，如何解决这个问题呢？

现在，校园、地铁站点、公交站点、居民区、商业区、公共服务区等场所提供共享单车服务，如图12－5所示，这是一种创新的分时租赁模式，是一种新型共享经济思维。

图12－5　共享单车

思政联结

习近平为何一直重视"创新思维"

扫码见全文
《一直重视"创新思维"》

训练题

一、选择题

1. 既是创新思维的核心,也是创新思维方法最明显的标志的是( )。

　　A. 发散性思维　　B. 收敛性思维　　　　C. 横向思维　　　　D. 逻辑思维

2. 有个企业家曾说:"创新是企业发展的根本,一个发展了 5 年的企业没有创新必然走向衰落,一个销售了 3 年的产品没有创新必然走向死亡。"这意味着思维必须( )。

　　A. 求实创新　　　B. 求真务实　　　　C. 举一反三　　　　D. 与时俱进

3. 下列属性中不属于创新思维独特性的是( )。

　　A. 流畅性　　　　B. 独立性　　　　　C. 新颖性　　　　　D. 发散性

二、简答题

1. 创新思维的原则是什么?

2. 创新思维主要有哪些类型?

三、联想训练题

1. 说出与"火"有关的事物和景象。

2. 尽可能多地说出与"甜蜜"有关的词语。

3. 尽可能多地说出下列每一组事物的相似之处:桌子与椅子;橘子与苹果;老虎与狮子;收音机和电视机;汽车与自行车。

4. 联想思维可以使两个不相关的事物发生联系,比如高山和镜子:高山—平地,平地—地面,地面—平面,平面—镜面,镜面—镜子;再如天空和茶:天空—土地,土地—水,水—喝,喝—茶。请你将下列几组概念用不超过 5 个阶段联想起来。

(1) 花与月亮;　　(2) 脸盆与小说;　　(3) 报纸与热水瓶;　　(4) 奖状与皮带;
(5) 作家与曲线

四、案例分析题

1. 民间流传着这样一个谚语:一个和尚挑水喝,两个和尚抬水喝,三个和尚没水喝。后来有人提出异议,认为三个和尚没水喝的关键是缺乏创新,于是创造了三个人抬水的工具,如图 12-6 所示,解决了三个和尚没水喝的难题,对此你如何评价?

图 12－6 三个和尚抬水

2.《农村大众》报曾报道过一则新闻：2001 年 6 月 14 日，在日本四国岛，人们通过使用玻璃模具成功种植了大约 400 只方形西瓜，如图 12－7 所示。由于方形西瓜便于消费者进行包装和贮运，一问世便受到广大消费者的青睐和选购。每只方形西瓜的售价高达 1 万日元(即 82 美元)。日本人别出心裁，将传统的"圆形""椭圆形"西瓜培育成"方形"西瓜，一个西瓜的售价就高达七百多元，是普通西瓜价格的成百上千倍。方形西瓜为何售价如此之高，有人称之为"农业创新"品种，你对此如何评价？

图 12－7 方形西瓜

第十三节

创新者的技能

谈到创新,我们可能经常听到这样的声音:创新不是每个人的事,而是少数聪明人的事;创新不是我们的事,而是研发部门的事;创新不是想创就能创的事,而是要天时、地利、人和等各种条件都具备时才可能干成的事。

不可否认,创新需要天赋、需要专业、需要条件。创新还需要质疑的精神,正如美国华盛顿曾说:"怀疑论者是社会前进的力量。"没有质疑,社会就如同无源之水,无本之木,毫无生机。因此,创新要敢于向权威提出自己的质疑。创新还需要大胆的实践,创新是一种行为,是创新者从实际出发,融合身边的点点滴滴,进行突破和颠覆的创造性活动。那么,在新的历史时期,市场千变万化,需求老少不一,挑战层出不穷,科技日新月异,社会纷繁复杂,竞争异常激烈,面对世界百年未有之大变局,唯创新者进,唯创新者强,唯创新者胜。如何成为新时代的一名创新者,创新者应该具备怎样的能力与素质,怎样的技能和特质,这些创新能力从何而来,一个公司如何提升团队的创新能力,一个人怎样才能变成一个具有创造力的人呢?

一、创新者的素养

创新能力是一个人的潜能,一个人的创新能力需要发掘和培养。一个人要成长为具有创新能力的人,需要具备良好素养。

(1)健康的心理。作为一个创新者,对客观事物要有正确的认知和良好的心态。

(2)良好的自信。作为一个创新者,对自己的能力与水平要有恰当认同与相信,自信既是创新者的力量源泉,也是创新成功的第一要素。

(3)灵活的思维。作为一个创新者,在实现目标的过程中要不受制于思考的角度和思维的限度,思维是创新成功的核心要素。

(4)强烈的创新意识。作为一个创新者,在内心深处要充满着求新的意向与求变的欲望。

(5)明确的目标。作为一个创新者,对自己的未来要有明确的目标和追求,理想目标要清晰、可行、有价值。

(6)持久的耐心。作为一个创新者,在追求目标的过程中要始终保持高度的期待和持续的热情,不为一时一事的挫败而动摇,耐心是一种境界和定力。

(7)坚强的意志。作为一个创新者,要具备为实现目标而克服种种困难的心理品质和顽强意志,意志是一个人成功的必备条件。

(8) 坦诚的合作。作为一个创新者,要善于与他人真诚合作,取长补短,合力攻关,成就大业,合作是创新者的处事态度和优良品德。

(9) 献身精神。作为一个创新者,要有对新事物不懈探索和对真理忘我追求的精神,献身精神是一种崇高境界和核心要素。

二、创新者的技能

美国杨百翰大学经济学教授杰夫·戴尔(Jeff Dyer)、欧洲工商管理学院教授赫尔·葛瑞格森(Hal Gregersen)、美国哈佛大学商学院著名教授克莱顿·克里斯坦森(Clayton M. Christensen)历时六年对创新性公司进行联合研究,以寻找创新性甚至破坏性战略的来源,他们研究了 25 名创新型企业家的习惯,调查了 3 000 多名创新型公司的管理人员和 500 名拥有创造性发明的个人。研究揭示了最具创造性的管理人员的五项"发现技能"——联系、提问、观察、试验和交际,他们称这些技能构成了创新 DNA,出版了专著《创新者的基因》。

1. 联系

联系是指将看似无关的问题或来自不同领域的想法联结整合起来的能力,它被视为创新 DNA 的核心。联系,是域内联结和跨界整合的行为,通常是跨越知识领域、产业领域乃至地域,做出惊人的联结、组合和创新。早在 15 世纪,意大利佛罗伦萨有个叫美第奇的银行家族将雕塑家、科学家、诗人、哲学家、画家和建筑师等不同学科背景的人聚集在一起,不遗余力地赞助他们,让他们彼此间有交流,于是,许多新的思想就在各自领域的交叉点上蓬勃发展起来,使得多学科、多领域的交叉思维创造出惊人的成就,推动了佛罗伦萨创造艺术迅猛发展,从而产生了历史上最有创造性的时期之一——文艺复兴时期。后来,人们把在各领域、各学科的交叉点上产生的创新发明或发现,称作"美第奇效应"。美第奇效应表明,当思想立足于不同领域、不同学科、不同文化的交叉点上,你可以将各种概念联系在一起,形成大量的、不同凡响的新思维、新想法。皮埃尔·奥米迪亚 1996 年将三种无关事物联系在一起创建了全球电子商务 eBay 公司,史蒂夫·乔布斯一生都在探索新的和不相关的事物,因此能不断产生各种创意。

联系是创新者的核心技能,具有较强联系性思维的人,通常能创建奇异的联系组合,善于开展积木式的积累联系思维、宏观与微观的联系思维、无边界的联系思维,擅长随意性联系、角色扮演联系、打比方联系和奔驰法(SCAMPER)联系,奔驰法(SCAMPER)是一种常见的辅助创新思维的创意工具,由七个单词或短语首字母组成:替代(Substitute)、结合(Combine)、调适(Adapt)、修改(Modify)、挪为他用(Put to another use)、消除(Eliminate)和反转(Reverse),这七种思维启发方式可以帮助人们拓宽解决问题的思路。

2. 提问

大科学家爱因斯坦曾经说过:"提出一个问题往往比解决一个问题更为重要,因为解决一个问题也许只是一个数学上或实验上的技巧问题。而提出新的问题、新的可能性,从新的角度看旧问题,却需要创造性的想象力,而且标志着科学的真正进步。"现代管理学之父彼得·德鲁克也曾强调提问的重要性,他说:"最重要、最艰难的工作从来不是找到对的答案,而是问出正确的问题。因为世界上最无用、甚至是最危险的情况,就是虽然答对了,但是一开始就问错了。""在应对既重要又困难的工作时,关键就是要找出正确的问题。"斯坦福大学教授蒂娜·西利格认为"问题正是架构答案的框架。"中国有个成语叫"打破砂锅问到底",可见,质疑设问,追根求源是认识事物、改造事物、创新事物的重要环节。多问几个"是什么",追问几个"为什么",善问几个"怎么做",再问几个"不这样又如何",应该是一个创新者的思维习惯,也是基本素养。一个创新者一般不拘泥于现成的答案、不局限于现有的路径、不迁就于模棱两可的框架、更不畏惧眼前的困难和挑战。因为,他们会对很多路径或答案提出自己的假设和疑问,他们也深信"改变问题视角往往就能改变世界。"只有问出"是什么""为什么"才能澄清现状,也只有问出"为什么不""如果……会如何"才敢于挑战现状。

既然提问很重要,那么,我们就应该掌握一些提问的技巧,如问题风暴法(Q-storming)。斯坦福大学教授蒂娜·西利格、麻省理工学院领导力中心执行主任赫尔·葛瑞格森、非营利组织 Right Question Institute(问对问题研究所,简称 RQI)都开展过"问题风暴"讨论会。RQI 通过 20 多年的研究,开发出"问题构想技巧(Question Formulation Technique,简称 QFT)",获得发明专利,并运用于学校、医疗机构和企业单位。QFT 的具体步骤如下:

(1)选择主题。首先,选定一个讨论的主题,通常是企业面临的难题,或者是整个行业普遍存在的问题。然后,转化成一个陈述性的问题,就是把问题或现象浓缩成一句带有争议性的简明扼要的陈述。比如:"近半年来有 30% 的客户不满意我们的服务。"一般不用疑问句式表达,简洁明了的陈述句或短语可能更具有启发性。

(2)提出问题。一般以四到六人为一组,一人作记录员,负责记录所有问题,无须修改或辩论。通常,在问题风暴过程中,小组成员能够在 10 分钟的时限内提出大量的问题,也会产生不少犀利的甚至尖锐的问题。

(3)优化问题。小组集体审核记录下来的所有问题,并加以改善,做必要的补充扩展或精简压缩,并把所有封闭式(是非)问题转换为开放式问题,同时把开放式问题转换为封闭式问题。

(4)评选最优问题。每个小组挑选出两、三个最佳问题,与其他小组分享。然后,通过集体讨论或投票评选出最优问题。把那些能够激发兴趣、开启全新思维方式的问题作为最优问题。

(5)决定后续行动。通过问题风暴产生的最优问题"可行性"很强,它们希望被关注、被思考、被研究、被解答。不少企业将问题风暴会产生的问题发展成巅峰项目,问题构想在微软也成了一种常规的活动。以问题攻克难题是 QFT 的技巧和价值所在。

3. 观察

观察,是指有目的、有计划、有方向的知觉活动。观是指视觉、听觉的感知行为,察是指仔细地查看、调查和分析。所以,观察不仅仅是视觉过程,而是以视觉为主,融其他感觉为一体的综合感知,包含着积极的思维活动,是知觉的一种高级形式。

观察是人的一种本能,更是人们认识世界、获取知识的一个重要途径;观察是一种知觉,也是科学研究的一种重要方法。一切科学实验、科学发现、科学创造,都离不开观察,离不开系统、周密、精确的观察,牛顿万有引力定律的建立源于牛顿对苹果落地的观察。巴甫洛夫一直把"观察、观察、再观察"作为座右铭,并告诫学生:不学会观察,你就永远当不了科学家。一个观察能力强的人,可能善于关注到事物的整体,也可能充分关注到事物的细节,可能善于发现事物的特点,也可能洞悉事物深层次的内在联系,观察力直接影响一个人感知的全面性、准确性和深刻性,影响一个人的想象力、分析力和判断力。观察力是智力结构的第一要素,是智力发展的重要基础,一个具有创新思维能力的人,就应该具有较强的观察能力。

4. 实验

实验是一种科学研究或探索的基本方法,一般是根据研究的目的,利用一些专门的仪器、设备、工具、试剂等实验器材,按照一定的流程或步骤,来检验某种理论或假设是否具有预想的效果而进行的试验活动。

实验能帮助人们观察事物的变化过程,采集事物变化的相关数据,为把握事物的变化规律提供丰富的感性材料,为检验预先假设提供路径,为拓展新的领域创造机会,为创新发明创造可能,实验也能加深对概念、原理、定理和方法的理解,培养人的观察能力、信息获取能力、分析对比能力、是非判断能力、总结概括能力、新奇点的发掘能力。通过预设性实验、验证性实验、探索性实验,通过分步实验、分组实验、分类实验,培养严谨规范的操作技能、胆大心细的心理素质、实事求是的科学态度、大胆设想小心求证的科学方法、敢于面对失败的勇气和信心。正如托马斯·爱迪生所说:"我没有失败过,只是发现了一万种不管用的方法而已。"实验,是一个创新者的基本技能,也是创新的一种重要途径,在实验中观察、在实验中比较、在实验中发现、在实验中否定、在实验中验证、在实验中生成,实验已成为人们是认识现象、解释奥秘、寻找答案、创新发现的重要方法。

5. 交际

交际是人与人之间的往来接触和交流。现代信息社会,交际是一项很重要的技能,表达自己的思想需要交际,与人沟通协调需要交际,展示创意想法需要交际,化解困难矛盾需要交际。如果你想创立一家公司,需要申请注册,需要组建团队,需要整合资源,需要制定章程等,这些都需要对内对外进行有效沟通和交流。这就需要具有较强的交际能力,交际能力不仅包括对一种语言本身的理解和领悟,也包括对语言形式的了解和掌握,还包括对语言语义运用的时间、地点、场合、对象、方式、程度的选择与把握。一般来说,人际交往能力由六方面构成:

(1)人际感受力。是指对他人的感情、态度、动机和需要等内心活动和心理状态的感知能力。

(2)人事记忆力。是对交往对象的姓名、职务、个体特征、交往内容、交往情景的记忆能力。

（3）人际理解力。是对他人的思想、感情与行为的理解能力。在人际交往过程中，对他人的语言、语义、语态、语调、表情和动作的准确理解是进行深度交流、愉悦交流和有效交流的重要环节。

（4）人际想象力。是从对方的地位、处境或立场来换位思考和评价对方思想行为的能力。

（5）风度和魅力。是指与人交际时表现出来的谈吐、举止、风度、气质，以及诚挚、友善、富于感染力的语言表达和情感魅力。

（6）合作协调力。是指人际交往中团队意识、合作表现、和谐共处、协同联动的能力。

人们常说，没有交际能力的人，就像陆地上的船，永远到不了人生的大海。爱因斯坦也曾说："仅凭一己之力，没有他人的想法和经验刺激，即便做得再好，也是微不足道，单调无聊。"因此，对创新者来说，拜访不同行业的人，与不同背景的人用餐、喝茶，定期与朋友聚会，参加一些专业领域会议，接受一些专门培训，发起成立创意社区等，是培养交际能力，提升创新能力的重要途径。

当然，一个创新者除了具有上面五项重要技能外，也许还具有其他多方面的重要技能，美国战略顾问、企业家、斯坦福大学商学院讲师埃米·威尔金森，经过长达 5 年的研究，访谈了 200 多位企业家，对近 1 万页访谈材料和 5 000 多件档案文献进行分析，最终发现了创新者成功的 6 项技能是：填补空白、目标驱动、快速迭代、不断试错、网络思维、伙伴关系。

思政联结

1. 习近平强调自主创新：要有骨气和志气，加快增强自主创新能力和实力
2. 习近平：提高关键核心技术创新能力 为我国发展提供有力科技保障
3. 习近平：科研要提升原始创新能力

☞ 扫码见全文《强调自主创新》　　☞ 扫码见全文《提高关键核心技术创新能力》　　☞ 扫码见全文《科研要提升原始创新能力》

训练题

一、选择题

1. 一个人要成为有创造力的人，就应该（　　　）。
   A. 有强烈的创新意识　　　　　　　　B. 有良好的创新思维习惯
   C. 掌握创新思维的原理和方法　　　　D. 以上都包括

2. 一个人要想成为有创造力的人,最关键的是(   )。

    A. 打好知识基础   B. 提高逻辑思维能力

    C. 发现自己的不足并加以弥补   D. 突破定势思维

3. (   )不属于创新型人才的基本素质。

    A. 高尚的人生理想   B. 扎实的专业基础

    C. 强壮的身体素质   D. 强烈的团队协作精神

4. 阻碍人们创新的根本原因是(   )。

    A. 知识储备不足 B. 心智模式   C. 思维定势   D. 心智枷锁

5. 创造性人才与普通人的最大区别在于(   )。

    A. 情商高于常人   B. 智商超过常人

    C. 思维方式与众不同   D. 体力超过常人

二、简答题

1. 创新人才的基本素质包括哪些方面?

2. 创新人格特质主要包括哪些方面?

第三章

TRIZ 理论与创新方法

第十四节

TRIZ 理论简介

关于创新，往往有很多人会抱怨：这是一件无比艰难的事、少数人的事、遥不可及的事、不可捉摸的事等。事实上，创新是一件不容易的事，但也不是不着边际的事。它有许多成功经验和典型案例、基本规律和通用方法、理论体系和实践路径，值得我们学习和运用。下面我们重点介绍一种比较成熟的创新理论——TRIZ 理论。

TRIZ 是关于发明问题的解决理论，其俄文为 теории решения изобрет-ательских задач，英文为 Theory of the Solution of Inventive Problems。TRIZ 是按 ISO/R9-1968E 规定，转换成拉丁文 Teoriya Resheniya Izobreatatelskikh Zadatch 的首字母缩写，是由苏联的学者根里奇·阿奇舒勒(G.S.Altshuller,1926~1998)1946 年开始创立的创新理论。

1946 年以来，以阿奇舒勒为首的专家，经过对 250 多万份专利文献的研究发现，一切技术问题在解决过程中都有一定的模式可循，通过对大量专利的分析、比较、归纳和模式抽取，建立了一套系统的、实用的发明问题解决方案，如图 14-1 所示，这就形成了 TRIZ 理论。TRIZ 专家 Savransky 博士给出了 TRIZ 的定义：TRIZ 是基于知识的、面向设计者的创新问题解决系统化方法学。TRIZ 理论研究人类进行发明创新、解决技术难题过程中所遵循的科学原理和法则，曾经被苏联视为国家财富，创新的"点金术"，现已成为世界风行的一种创新设计方法。

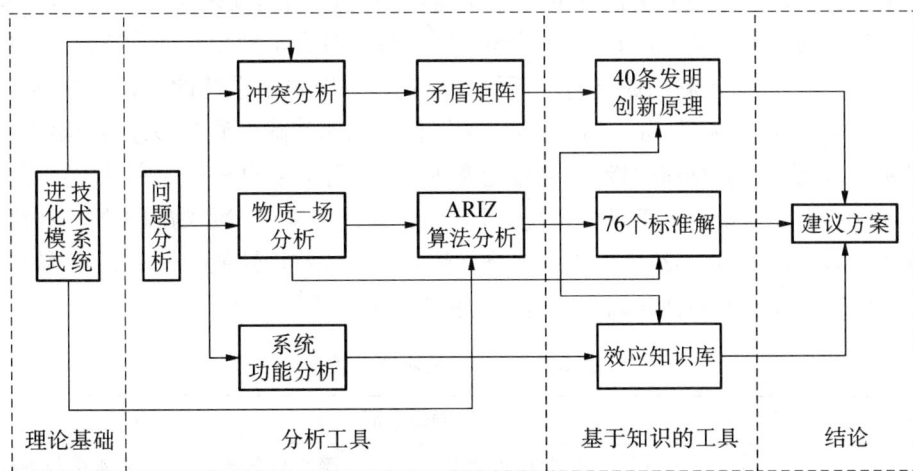

图 14-1 TRIZ 理论体系

TRIZ 理论体系包含理论基础、问题分析工具、基于知识的问题解决工具和结论四个部分。其中，TRIZ 理论体系的理论基础是技术系统进化模式，任何领域的产品与生物一样,都存在着从无到有、从低级到高级、从简单到复杂的发展过程,存在着产生、生长、成熟、衰老和灭亡的进化规律,人们可以根据这些规律预测技术发展和变化,进行产品设计和开发,推动技术改进和创新,TRIZ把技术系统的进化分为三个阶段:新发明、技术进步和技术成熟,把产品进化分为四个阶段:婴儿期、成长期、成熟期和衰退期,把技术系统进化模式归纳为八个模式:技术系统的生命周期、增加理想化水平、系统不均衡发展导致矛盾出现、增加动态性和可控性、技术集成可以增加系统功能、系统元件的匹配与不匹配、系统有宏观向微观进化、提高自动化程度和智能化程度。

在TRIZ理论中,问题分析的工具主要有三种:矛盾冲突分析、"物质—场"分析、系统功能分析。在此,我们主要学习矛盾冲突分析。TRIZ理论认为,矛盾冲突存在于各种产品的设计中。传统的设计一般都是采用折中法,在冲突双方选取折中的方案,降低冲突的程度,但冲突并没有彻底解决。因此,产品创新的标志是解决或消除设计中的冲突,产生新的有竞争力的解。不断发现并解决冲突是推动产品进化的动力。设计人员要创新设计,就是将主要工作聚焦到"矛盾"这个焦点上,要深刻把握自然界、人类社会和工程技术领域的各种矛盾,如图14-2所示,力求改进设计过程中遇到的各种矛盾,推动创新不断前行。

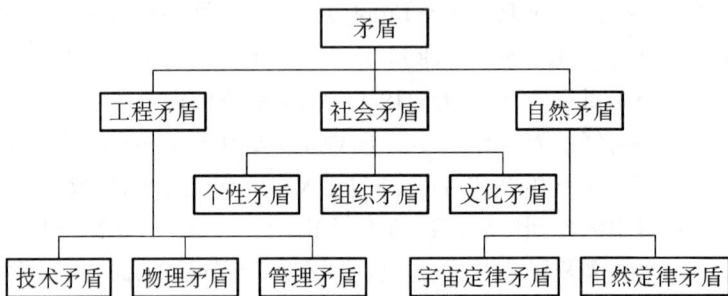

图14-2 矛盾的类型

技术矛盾是指改善一个子系统的有用功能,导致另一个子系统产生一种有害功能。物理矛盾是指为了实现某种功能,一个子系统或元件应具有某种特性,但该特性出现的同时会产生与此相反的、不利的或有害的后果。也就是一个技术系统的工程参数具有相反的需求,就产生了物理矛盾,如对汽车而言,为了便于加速和减少油耗,人们希望汽车的底盘重量较小,但为了高速行驶时汽车的稳定和安全,人们又希望汽车的底盘较重,这种要求底盘同时具有大重量和小重量的情况,对汽车底盘设计来说就是物理矛盾。物理矛盾一般有两种表现:一种是系统中有害性能降低的同时导致有用性能降低;二是系统中有用性能增强的同时导致有害性能增强。常见的物理矛盾见表14-1。

表14-1 常见的物理矛盾

类别	物理矛盾			
几何类	长与短 圆与方	对称与非对称 锋利与钝	平行与交叉 宽与窄	水平与垂直 厚与薄
材料类	多与少	密度大与小	导热性好与坏	温度高与低
能量类	时间长与短	黏度高与低	功率大与小	摩擦系数大与小

类别	物理矛盾			
功能类	喷射与堵塞 运动与静止	推与拉 强与弱	冷与热 软与硬	快与慢 成本高与低

矛盾冲突分析,首先把事物看成是多层次、多方面的矛盾统一体,考察影响事物发展的诸多矛盾。其次,从诸多矛盾中找出主要矛盾和矛盾的主要方面,主要矛盾和矛盾的主要方面决定事物的本质。再次,分析矛盾冲突发生变化的内部条件和外部条件,注意矛盾发展量变到质变的临界点,也就是主要矛盾发展转化的时机和条件。TRIZ 理论的矛盾冲突分析突出三个层面:

(1) 认识层面——矛盾具有普遍性。事物的矛盾是普遍存在的,也是对立统一的,如造桌子的木材厚度增加可增强牢固程度,但同时桌子的重量也增加了。这与人们希望的既牢固又轻便的要求产生了矛盾。

(2) 冲突层面——技术矛盾相互冲突。技术矛盾是指有用效应的引入或有害效应的消除导致一个或多个子系统变坏,技术矛盾总是涉及两个基本参数之间的矛盾,改善系统的一个参数,导致另一个参数恶化。用符号来表示,就是 A+⇨B−;B+⇨A−,如发动机转速提高会导致油耗增加。

(3) 工具层面——矛盾矩阵表。阿奇舒勒通过对大量发明专利的分析,发现只有 39 个参数可以形成技术矛盾,这就是 TRIZ 理论的通用参数,如表 14 - 2 所示。进一步把这些参数放置于一张表的"行"和"列"中,"行"代表需要改进的参数,"列"代表同时引起恶化的参数,"行"和"列"的每个交叉点就是这一对参数的冲突(矛盾),这就构成了 39×39 的"矛盾矩阵表",如表 14 - 3 所示。当我们遇到实际问题时,要对技术系统进行认真分析,将概念转换到 39 个通用参数之中,准确找到实际存在的参数之间的"矛盾",再根据"矛盾矩阵表"找到相应的求解建议方案——发明原理。

表 14 - 2　TRIZ 的通用参数

序号	名称	序号	名称	序号	名称
1.	运动物体的质量	14.	强度	27.	可靠性
2.	静止物体的质量	15.	运动物体作用时间	28.	测量准确度
3.	运动物体的长度	16.	静止物体作用时间	29.	制造准确度
4.	静止物体的长度	17.	温度	30.	来自外部作用于物体的有害因素(外来有害因素)
5.	运动物体的面积	18.	明亮度		
6.	静止物体的面积	19.	运动物体的能量消耗	31.	物体产生的有害因素(有害的副作用)
7.	运动物体的体积	20.	静止物体的能量消耗		
8.	静止物体的体积	21.	功率	32.	可制造性
9.	速度	22.	能量损失	33.	可操作性(使用方便性)
10.	力	23.	物质损失	34.	可维修性(易维修性)
11.	应力或压力	24.	信息损失	35.	适应性
12.	形状	25.	时间损失	36.	装置的复杂性
13.	结构的稳定性	26.	物质的数量	37.	控制的复杂性
				38.	自动化程度
				39.	生产率

表 14-3 TRIZ 的矛盾矩阵表

GSA-1969	1	2	3	4	5	6	7	8	9	10	11	12	13	14	15	16	17	18	19	20	21	22	23	24	25	26	27	28	29	30	31	32	33	34	35	36	37	38	39
1			15.8.29.34		29.17.38.34		29.2.40.28		2.8.15.38	8.10.18.37	10.36.37.40	10.14.35.40	1.35.19.39	28.27.18.40	5.34.31.35		6.29.4.38	19.1.32	35.12.34.31		12.36.18.31	6.2.34.19	5.35.3.31	10.24.35	10.35.20.28	3.26.18.31	3.11.1.27	28.27.35.26	28.35.26.18	22.21.18.27	22.35.31.39	27.28.1.36	35.3.2.24	2.27.28.11	29.5.15.8	26.30.36.34	28.29.26.32	26.35.18.19	35.3.24.37
2				10.1.29.35		35.30.13.2		5.35.14.2		8.10.19.35	13.29.10.18	13.10.29.14	26.39.1.40	28.2.10.27		2.27.19.6	28.19.32.22	35.19.32		18.19.28.1	15.19.18.22	18.19.28.15	5.8.13.30	10.15.35	10.20.35.26	19.6.18.26	10.28.8.3	18.26.28	10.1.35.17	2.19.22.37	35.22.1.39	28.1.9	6.13.1.32	2.27.28.11	19.15.29	1.10.26.39	25.28.17.15	2.26.35	1.28.15.35
3	15.8.29.34				15.17.4		7.17.4.35		13.4.8	17.10.4	1.8.35	1.8.10.29	1.8.15.34	8.35.29.34	19		10.15.19	32	8.35.24		1.35	7.2.35.39	4.29.23.10	1.24	15.2.29	29.35	10.14.29.40	28.32.4	10.28.29.37	1.15.17.24	17.15	1.29.17	15.29.35.4	1.28.10	14.15.1.16	1.19.26.24	35.1.26.24	17.24.26.16	14.4.28.29
4		35.28.40.29				17.7.10.40		35.8.2.14		28.1	1.14.35	13.14.15.7	39.37.35	15.14.28.26		1.40.35	3.35.38.18	3.25			12.8	6.28	10.28.24.35	24.26	30.29.14		15.29.28	32.28.3	2.32.10	1.18		15.17.27	2.25	3	1.35	1.26	26		30.14.7.26
5	2.17.29.4		14.15.18.4				7.14.17.4		29.30.4.34	19.30.35.2	10.15.36.28	5.34.29.4	11.2.13.39	3.15.40.14	6.3		2.15.16	15.32.19.13	19.32		19.10.32.18	15.17.30.26	10.35.2.39	30.26	26.4	29.30.6.13	29.9	26.28.32.3	2.32	22.33.28.1	17.2.18.39	13.1.26.24	15.17.1316	15.13.10.1	15.30	14.1.13	2.36.26.18	14.30.28.23	10.26.34.2
6		30.2.14.18		26.7.9.39						1.18.35.36	10.15.36.37		2.38	40		2.10.19.30	35.39.38				17.32	17.7.30	10.14.18.39	30.16	10.35.4.18	2.18.40.4	32.35.40.4	26.28.32.3	2.29.18.36	27.2.39.35	22.1.40	40.16	16.4	16	15.16	1.18.36	2.35.30.18	23	10.156.17.7
7	2.26.29.40		1.7.35.4		1.7.4.17				29.4.38.34	15.35.36.37	6.35.36.37	1.15.29.4	28.10.1.39	9.14.15.7	6.35.4		34.39.10.18	10.13.2	35		35.6.13.18	7.15.13.16	36.39.34.10	2.22	2.6.34.10	29.30.7	14.1.40.11	25.26.28	25.28.2.16	22.21.27.35	17.2.40.1	29.1.40	15.13.30.12	10	15.29	26.1	29.26.4	35.34.16.24	10.6.2.34
8		35.10.19.14	19.14	35.8.2.14						2.18.37	24.35	7.2.35	34.28.35.40	9.14.17.15		35.34.38	35.6.4				30.6		10.39.35.34		35.16.32.18	35.3	2.35.16		35.10.25	34.39.19.27	30.18.35.4	35		1		1.31	2.17.26		35.37.10.2
9	2.28.13.38		13.14.8		29.30.34		7.29.34			13.28.15.19	6.18.38.40	35.15.18.34	28.33.1.18	8.3.26.14	3.19.35.5		28.30.36.2	10.13.19	8.15.35.38		19.35.38.2	14.20.19.35	10.13.28.38	13.26		10.19.29.38	11.35.27.28	28.32.1.24	10.28.32.25	1.28.35.23	2.24.32.21	35.13.8.1	32.28.13.12	34.2.28.27	15.10.26	10.28.4.34	3.34.27.16	10.18	
10	8.1.37.18	18.13.1.28	17.19.9.36	28.1	19.10.15	1.18.36.37	15.9.12.37	2.36.18.37	13.28.15.12		18.21.11	10.35.40.34	35.10.21	35.10.14.27	19.2		35.10.21		19.17.10	1.16.36.37	19.35.18.37	14.15	8.35.40.5		10.37.36	14.29.18.36	3.35.13.21	35.10.23.24	28.29.37.36	1.35.40.18	13.3.36.24	15.37.18.1	1.28.3.25	15.1.11	15.17.18.20	26.35.10.18	36.37.10.19	2.35	3.28.35.37
11	10.36.37.40	13.29.10.18	35.10.36	35.1.14.16	10.15.36.28	10.15.36.37	6.35.10	35.34	6.35.36	36.35.21		35.4.15.10	35.33.2.40	9.18.3.40	19.3.27		35.39.19.2		14.24.10.37		10.35.14	2.36.25	10.36.37		37.36.4	10.14.36	10.13.19.35	6.28.25	3.35	22.2.37	2.33.27.18	1.35.16	11	2	35	19.1.35	2.36.37	35.24	10.14.35.37
12	8.10.29.40	15.10.26.3	29.34.5.4	13.14.10.7	5.34.4.10		14.4.15.22	7.2.35	35.15.34.18	35.10.37.40	34.15.10.14		33.1.18.4	30.14.10.40	14.26.9.25		22.14.19.32	13.15.32	2.6.34.14		4.6.2	14	35.29.3.5		14.10.34.17	36.22	10.40.16	28.32.1	32.30.40	22.1.2.35	35.1	1.32.17.28	32.15.26	2.13.1	1.15.29	16.29.1.28	15.13.39	15.1.32	17.26.34.10
13	21.35.2.39	26.39.1.40	13.15.1.28	37	2.11.13	39	28.10.19.39	34.28.35.40	33.15.28.18	10.35.21.16	2.35.40	22.1.18.4		17.9.15	13.27.10.35	39.3.35.23	35.1.32	32.3.27.15	13.19	27.4.29.18	32.35.27.31	14.2.39.6	2.14.30.40		35.27	15.32.35		13	18	35.23.18.30	35.40.27.39	35.19	32.35.30	2.35.10.16	35.30.34.2	2.35.22.26	35.22.39.23	1.8.35	23.35.40.3
14	1.8.40.15	40.26.27.1	1.15.8.35	15.14.28.26	3.34.40.29	9.40.28	10.15.14.7	9.14.17.15	8.13.26.14	10.18.3.14	10.3.18.40	10.30.35.40	13.17.35		27.3.26		30.10.40	35.19	19.35.10	35	10.26.35.28	35	35.28.31.40		29.3.28.10	29.10.27	11.3	3.27.16	3.27	18.35.37.1	15.35.22.2	11.3.10.32	32.40.28.2	27.11.3	15.3.32	2.13.28	27.3.15.40	15	29.35.10.14
15	19.5.34.31		2.19.9		3.17.19		10.2.19.30		3.35.5	19.2.16	19.3.27	14.26.28.25	13.3.35	27.3.10			19.35.39	2.19.4.35	28.6.35.18		19.10.35.38		28.27.3.18	10	20.10.28.18	3.35.10.40	11.2.13	3	3.27.16.40	22.15.33.28	21.39.16.22	27.1.4	12.27	29.10.27	1.35.13	10.4.29.15	19.29.39.35	6.10	35.17.14.19
16		6.27.19.16		1.40.35				35.34.38					39.3.35.23				19.18.36.40				16		27.16.18.38	10	28.20.10.16	3.35.31	34.27.6.40	10.26.24		17.1.40.33	22	35.10	1	1	2		25.34.6.35	1	20.10.16.38
17	36.22.6.38	22.35.32	15.19.9	15.19.9	3.35.39.18	35.38	34.39.40.18	35.6.4	2.28.36.30	35.10.3.21	35.39.19.2	14.22.19.32	1.35.32	10.30.22.40	19.13.39	19.18.36.40		32.30.21.16	19.15.3.17		2.14.17.25	21.17.35.38	21.36.29.31		35.28.21.18	3.17.30.39	19.35.3.10	32.19.24	24	22.33.35.2	22.35.2.24	26.27	26.27	4.10.16	2.18.27	2.17.16	3.27.35.31	23.2.19.16	15.28.35
18	19.1.32	2.35.32	19.32.16		19.32.26		2.13.10		10.13.19	26.19.6		32.30	32.3.27	35.19	2.19.6		32.35.19		32.1.19	32.35.1.15	32	19.16.1.6	13.1	1.6	19.1.26.17	1.19		11.15.32	3.32	15.19	35.19.32.39	19.35.28.26	28.26.19	15.17.13.16	15.1.19	6.32.13	32.15	2.26.10	2.25.16
19	12.18.28.31		12.28		15.19.25		35.13.18		8.15.35	16.26.21.2	23.14.25	12.2.29	19.13.17.24	5.19.9.35	28.35.6.18		19.24.3.14	2.15.19			6.19.37.18	12.22.15.24	35.24.18.5		35.38.19.18	34.23.16.18	19.21.11.27	3.1.32		1.35.6.27	2.35.6	28.26.30	19.35	1.15.17.28	15.17.13.16	2.29.27.28	35.38	32.2	12.28.35
20		19.9.6.27								36.37			27.4.29.18	35				19.2.35.32					28.27.18.31			3.35.31	10.36.23			10.2.22.37	19.22.18	1.4					19.35.16.25		1.6
21	8.36.38.31	19.26.17.27	1.10.35.37		19.38	17.32.13.38	35.6.38	30.6.25	15.35.2	26.2.36.35	22.10.35	29.14.2.40	35.32.15.31	26.10.28	19.35.10.38	16	2.14.17.25	16.6.19	16.6.19.37			10.35.38	28.27.18.38	10.19	35.20.10.6	4.34.19	19.24.26.31	32.15.2	32.2	19.22.31.2	2.35.18	26.10.34	26.35.10	35.2.10.34	19.17.34	20.19.30.34	19.35.16	28.2.17	28.35.34
22	15.6.19.28	19.6.18.9	7.2.6.13	6.38.7	15.26.17.30	17.7.30.18	7.18.23	7	16.35.38	36.38			14.2.39.6	26			19.38.7	1.13.32.15			3.38		35.27.2.37	19.10	10.18.32.7	7.18.25	11.10.35	32		21.22.35.2	21.35.2.22		35.32.1	2.19		7.23	35.3.15.23	2	28.10.29.35
23	35.6.23.40	35.6.22.32	14.29.10.39	10.28.24	35.2.10.31	10.18.39.31	1.29.30.36	3.39.18.31	10.13.28.38	14.15.18.40	3.36.37.10	29.35.3.5	2.14.30.40	35.28.31.40	28.27.3.18	27.16.18.38	21.36.39.31	1.6.13	35.18.24.5	28.27.12.31	28.27.18.38	35.27.2.31			15.18.35.10	6.3.10.24	10.29.39.35	16.34.31.28	35.10.24.31	33.22.30.10	10.1.34.29	15.34.33	32.28.2.24	2.35.34.27	15.10.2	35.10.28.24	35.18.10.13	35.10.18	28.35.10.23
24	10.24.35	10.35.5	1.26	26	30.26	30.16		2.22	26.32						10	10		19			10.19	19.10			24.26.28.32	24.28.35	10.28.23			22.10.1	10.21.22	32	27.22				35.33	35	13.23.15
25	10.20.37.35	10.20.26.5	15.2.29	30.24.14.5	26.4.5.16	10.35.17.4	2.5.34.10	35.16.32.18		10.37.36.5	37.36.4	4.10.34.17	35.3.22.5	29.3.28.18	20.10.28.18	28.20.10.16	35.29.21.18	1.19.21.17	35.38.19.18	1	35.20.10.6	10.5.18.32	35.18.10.39	24.26.28.32		35.38.18.16	10.30.4	24.34.28.32	24.26.28.18	35.18.34	35.22.18.39	35.28.34.4	4.28.10.34	32.1.10	35.28	6.29	18.28.32.10	24.28.35.30	
26	35.6.18.31	27.26.18.35	29.14.35.18		15.14.29	2.18.40.4	15.20.29		35.29.34.28	35.14.3	10.36.14.3	35.14	15.2.17.40	14.35.34.10	3.35.10.40	3.35.31	3.17.39		34.29.16.18	3.35.31	35	7.18.25	6.3.10.24	24.28.35	35.38.18316		18.3.28.40	3.2.28	33.30	35.33.29.31	3.35.40.39	29.1.35.27	35.29.10.25	2.32.10.25	15.3.29	3.13.27.10	3.27.29.18	8.35	13.29.3.27
27	3.8.10.40	3.10.8.28	15.9.14.4	15.29.28.11	17.10.14.16	32.35.40.4	3.10.14.24	2.35.24	21.35.11.28	8.28.10.3	10.24.35.19	35.1.16.11		11.28	2.35.3.25	34.27.6.40	3.35.10	11.32.13	21.11.27.19	36.23	21.11.26.31	10.11.35	10.35.29.39	10.28	10.30.4	21.28.40.3		32.3.11.23	11.32.1	27.35.2.40	35.2.40.26		27.17.40	1.11	13.35.8.24	13.35.1	27.40.28	11.13.27	1.35.29.38
28	32.35.26.28	28.35.25.26	28.26.5.16	32.28.3.16	26.28.32.3	26.28.32.3	32.13.6		28.13.32.24	32.2	6.28.32	6.28.32	32.35.13	28.6.32	28.6.32	10.26.24	6.19.28.24	6.1.32	3.6.32		3.6.32	26.32.27	10.16.31.28		24.34.28.32	2.6.32	5.11.1.23			28.24.22.26	3.33.39.10	6.35.25.18	1.13.17.34	1.32.13.11	13.35.2	27.35.10.34	26.24.32.28	28.2.10.34	10.34.28.32
29	28.32.13.18	28.35.27.9	10.28.29.37	2.32.10	28.33.29.32	2.29.18.36	32.28.2	25.10.35	10.28.32	28.19.34.36	3.35	32.30.40	30.18	3.27	3.27.40		19.26	3.32	32.2		32.2	13.32.2	35.31.10.24		32.26.28.18	32.30	11.32.1			26.28.10.36	4.17.34.26		1.32.35.23	25.10		26.2.18		26.28.18.23	10.18.32.39
30	22.21.27.39	2.22.13.24	17.1.39.4	1.18	22.1.33.28	27.2.39.35	22.23.37.35	34.39.19.27	21.22.35.28	13.35.39.18	22.2.37	22.1.3.35	35.24.30.18	18.35.37.1	22.15.33.28	17.1.40.33	22.33.35.2	1.19.32.13	1.24.6.27	10.2.22.37	19.22.31.2	21.22.35.2	33.22.19.40	22.10.2	35.18.34	35.33.29.31	27.24.2.40	28.33.23.26	26.28.10.18			24.35.2	2.25.28.39	35.10.2	35.11.22.31	22.19.29.40	22.19.29.40	33.3.34	22.35.13.24
31	19.22.15.39	35.22.1.39	17.15.16.22		17.2.18.39	22.1.40	17.2.40	30.18.35.4	35.28.3.23	35.28.1.40	2.33.27.18	35.1	35.40.27.39	15.35.22.2	15.22.33.31	21.39.16.22	22.35.2.24	19.24.39.32	2.35.6	19.22.18	2.35.18	21.35.22.2	10.1.34	10.21.29	1.22	3.24.39.1	24.2.40.39	3.33.26	4.17.34.26							19.1.31	2.21.27.1	2	22.35.18.39
32	28.29.15.16	1.27.36.13	1.29.13.17	15.17.27	13.1.26.12	16.4	13.29.1.40	35	35.13.8.1	35.12	35.19.1.37	1.28.13.27	11.13.1	1.3.10.32	27.1.4	35.16	27.26.18	28.24.27.1	28.26.27.1	1.4	27.1.12.24	19.35	15.34.33	32.24.18.16	35.28.34.4	35.23.1.24		1.35.12.18		24.2			2.5.13.16	35.1.11.9	2.13.15	27.26.1	6.28.11.1	8.28.1	35.1.10.28
33	25.2.13.15	6.13.1.25	1.17.13.12		1.17.13.16	18.16.15.39	1.16.35.15	4.18.31.39	18.13.34	28.13.35	2.32.12	15.34.29.28	32.35.30	32.40.3.28	29.3.8.25	1.16.25	26327.13	13.17.1.24	1.13.24		35.34.2.10	2.19.13	28.32.2.24	4.10.27.22	4.28.10.34	12.35	17.27.8.40	25.13.2.34	1.32.35.23	2.25.28.39		2.5.12		12.26.1.32	15.34.1.16	32.25.12.17		1.34.12.3	15.1.28
34	2.27.35.11	2.27.35.11	1.28.10.25	3.18.31	15.32.13	16.25	25.2.35.11	1	34.9	1.11.10	13	1.13.2.4	2.35	1.11.2.9	11.29.28.27	1	4.10	15.1.13	15.1.28.16		15.10.32.2	15.1.32.19	2.35.34.27		32.1.10.25	2.28.10.25	11.10.1.16	10.2.13	25.10	35.102.16		1.35.11.10	1.12.26.15		7.1.4.16	35.1.13.11		34.35.7.13	1.32.10
35	1.6.15.8	19.15.29.16	35.1.29.2	1.35.16	35.30.29.7	15.16	15.35.29		35.10.14	15.17.20	35.16	15.37.1.8	35.30.14	35.3.32.6	13.1.35	2.16	27.2.3.35	6.22.26.1	19.35.29.13		19.1.29	18.15.1	15.10.2.13		35.28	3.35.15	35.13.8.24	35.5.1.10		35.11.32.31		1.13.31	15.34.1.16	1.16.7.4		15.29.37.28	1	27.34.35	35.28.6.37
36	26.30.34.36	2.26.35.39	1.19.26.24	26	14.1.13.16	6.36	34.26.6	1.16	34.10.28	26.16	19.1.35	29.13.28.15	2.22.17.19	2.13.28	10.4.28.15		2.17.13	24.17.13	27.2.29.28		20.19.30.34	10.35.13.2	35.10.28.29		6.29	13.3.27.10	13.35.1	2.26.10.34	26.24.32	22.19.29.40	19.1	27.26.1.13	27.9.26.24	1.13	29.15.28.37		15.10.37.28	15.1.24	12.17.28
37	27.26.28.13	6.13.28.1	16.17.26.24	26	2.13.18.17	2.39.30.16	29.1.4.16	2.18.26.31	3.4.16.35	36.28.40.19	35.36.37.32	27.13.1.39	11.22.39.30	27.3.15.28	19.29.25.39	25.34.6.35	3.27.35.16	2.24.26	35.38	19.35.16	19.1.16.10	35.3.15.19	1.18.10.24	35.33.27.22	18.28.32.9	3.27.29.18	27.40.28.8	26.24.32.28		22.19.29.28	2.21	5.28.11.29	2.5	12.26	1.15	15.10.37.28		34.21	35.18
38	28.26.18.35	28.26.35.10	14.13.28.17	23	17.14.13		35.13.16		28.10	2.35	13.35	15.32.1.13	18.1	25.13	6.9		26.2.19	8.32.19	2.32.13		28.2.27	23.28	35.10.18.5	35.33	24.28.35.30	35.13	11.27.32	28.26.10.34	28.26.18.23	2.33	2	1.26.13	1.12.34.3	1.35.13	27.4.1.35	15.24.10	34.27.25		5.12.35.26
39	35.26.24.37	28.27.15.3	18.4.28.38	30.7.14.26	10.26.34.31	10.35.17.7	2.6.34.10	35.37.10.2		28.15.10.36	10.37.14	14.10.34.40	35.3.22.39	29.28.10.18	35.10.2.18	20.10.16.38	35.21.28.10	26.17.19.1	35.10.38.19	1	35.20.10	28.10.29.35	28.10.35.23	13.15.23		35.38	1.35.10.38	1.10.34.28	32.1.18.10	22.35.13.24	35.22.18.39	35.28.2.24	1.28.7.19	1.32.10.25	1.35.28.37	12.17.28.24	35.18.27.2	5.12.35.26	

当我们发现现实事例中存在技术矛盾时,可查阅矛盾矩阵表,寻找相应的创新发明原理,从而进一步找到改进的技术方案。

阿奇舒勒通过对大量发明专利的分析、研究和总结,发现了蕴含在这些发明创新现象背后的客观规律和共性原理,通过高度概括和总结,提炼出 TRIZ 理论中最重要、最具普遍用途的 40 条发明创新原理,如表 14-4 所示。

表 14-4 TRIZ 的发明创新原理

序号	原理名称	序号	原理名称	序号	原理名称	序号	原理名称
NO.1	分割	NO.11	预先应急措施	NO.21	紧急行动	NO.31	多孔材料
NO.2	抽取	NO.12	等势性	NO.22	变害为利	NO.32	改变颜色
NO.3	局部质量	NO.13	逆向思维	NO.23	反馈	NO.33	同质性
NO.4	非对称	NO.14	曲面化	NO.24	中介物	NO.34	抛弃与修复
NO.5	合并	NO.15	动态化	NO.25	自服务	NO.35	状态和参数变化
NO.6	多用性	NO.16	不足或超额行动	NO.26	复制	NO.36	相变
NO.7	嵌套	NO.17	维数变化	NO.27	廉价替代品	NO.37	热膨胀
NO.8	重量补偿	NO.18	机械振动	NO.28	机械系统的替代	NO.38	加速强氧化
NO.9	预先反作用	NO.19	周期性动作	NO.29	气动与液压结构	NO.39	惰性环境
NO.10	预操作	NO.20	有效运动的连续性	NO.30	柔性壳体或薄膜	NO.40	复合材料

运用 TRIZ 问题分析工具和问题解决工具,在矛盾解决过程中,可以按照下列流程来探讨问题解决方案,如图 14-3 所示,矛盾冲突分析是问题分析与解决流程的重要组成部分。

其中,物理矛盾的四种分离原理分别是:空间分离、时间分离、条件分离、整体与部分分离。

(1)空间分离。将矛盾双方分离在不同的空间,来降低解决问题的难度,从而找到解决问题的方法,如在快车道上方建一座人行天桥,可以将人流与车流分开,实现空间分离。冰箱的保鲜层和冷冻层,将保鲜和冷冻需求分离。

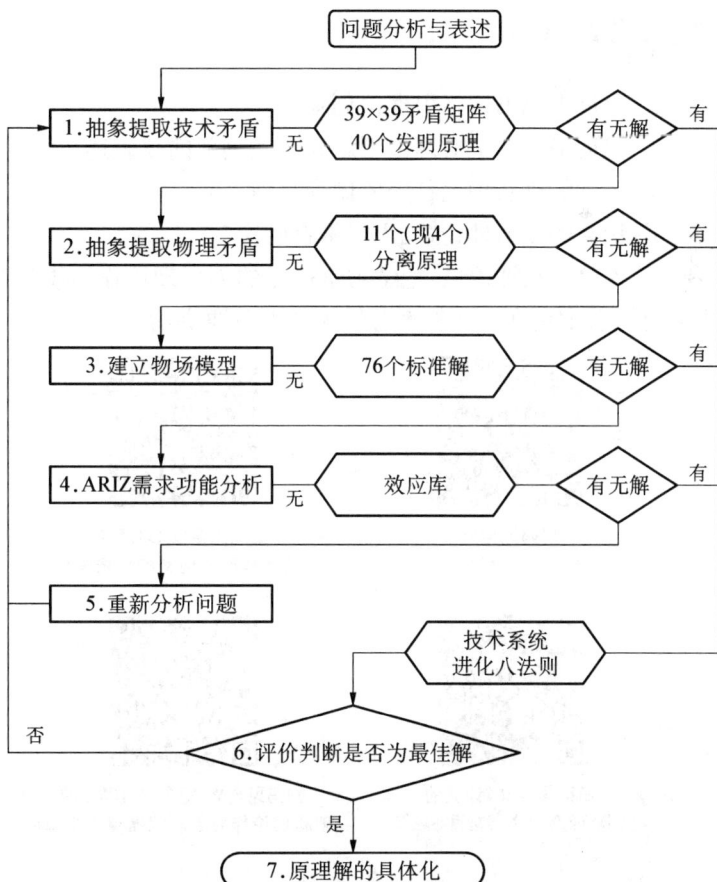

图 14-3 问题解决流程

（2）时间分离。将矛盾双方分离在不同的时间，来降低解决问题的难度，如飞机的机翼设计成可以调节的活动机翼，来适应飞机在飞行过程中不同时间段的不同气流、速度要求。

（3）条件分离。将矛盾双方在不同的条件下分离，来降低解决问题的难度，如由喷嘴流出形成的不同形状的高速水流束，也称作水射流，其流速取决于喷嘴出口截面前后的压力降。将水流条件分离，给予不同的射流速度和压力，即可获得"软"或"硬"的射流，"软"射流可以用于洗澡时按摩，高压、高速"硬"射流可以用于清洗、剥层、切割等加工作业或武器使用，这取决于射流的速度条件或射流中有无其他物质。

（4）整体与部分分离。将矛盾双方在不同的层次分离，来降低解决问题的难度，如采用柔性生产线，以满足大众化和个性化市场的不同需求。自行车链条、铁链锁等在微观上是刚性的，可以满足特定的硬度和强度的要求，在宏观上是柔性的，可以实现形状容易改变的要求。

TRIZ 理论在俄罗斯、美国、欧洲、日本、韩国等国家和地区受到广泛关注和应用，得到很大的普及和发展，对提高创新效率、专利质量、产品开发成果都发挥了重要的指导意义。目前，TRIZ 理论与方法不仅在工程技术领域，而是在社会管理、教育培训等领域也有比较广泛的应用。

思政联结

1. 习近平总书记指引理论创新
2. 习近平总书记对理论创新和实践创新的新表述
3. 对党的创新理论首先要做到真信
4. 让党的创新理论"飞入寻常百姓家"
5. 人民日报评论员：把学习贯彻党的创新理论作为思想武装重中之重——论学习贯彻习近平总书记在主题教育总结大会上重要讲话

☞ 扫码见全文《指引理论创新》　　☞ 扫码见全文《对理论创新和实践创新的新表述》　　☞ 扫码见全文《对党的创新理论首先要做到真信》

☞ 扫码见全文《让党的创新理论"飞入寻常百姓家"》　　☞ 扫码见全文《把学习贯彻党的创新理论作为思想武器重中之重》

训练题

一、选择题

1. 被誉为 TRIZ 之父的 G.S. Altshuler 是（　　　）的科学家。
   A. 美国　　　　　B. 英国　　　　　C. 俄国　　　　　D. 日本
2. 在经典 TRIZ 理论中，通用技术参数的个数与创新原理的个数分别是（　　　）。
   A. 39、40　　　　B. 39、44　　　　C. 37、40　　　　D. 37、44
3. 在 39 个通用工程参数中，结构的稳定性是指（　　　）。
   A. 物体抵抗外力作用使之变化的能力
   B. 系统的完整性及系统组成部分之间的关系
   C. 系统在规定的方法及状态下完成规定功能的能力
   D. 物体或系统响应外部变化的能力，或应用于不同条件下的能力
4. 在大炮设计过程中，炮管的直径必须足够大才可以使一个个的炮弹容易射出，但同时又必须是足够小才可能避免火药爆炸推力的泄漏。解决这个矛盾的分离原理是（　　　）。
   A. 时间分离　　B. 空间分离　　　C. 条件的分离　　　D. 系统级别分离
5. 下列不是解决物理矛盾的有效方法的是（　　　）。
   A. 时间分离　　B. 空间分离　　　C. 条件的分离　　　D. 物体分离
6. "挂锁—链条锁　电子锁—指纹锁—人脸识别锁"的发展路径属于（　　　）的应用。
   A. 提高柔性法则　　　　　　　　　B. 提高可控性法则
   C. 提高可移动性法则　　　　　　　D. 向超系统进化法则

二、简答题

1. TRIZ 理论的核心思想是什么？
2. 列举出 8～10 个通用工程参数。
3. 列举出 8～10 个 TRIZ 发明原理。
4. 列举出 TRIZ 理论中发明问题解决的常用工具。

三、案例分析

王某自中学开始就患上了近视眼，长期带着近视眼镜，但他最近发现自己的视力既近视又远视，带着近视眼镜看不清近距离的文字，拿下近视眼镜又看不清远处的物体。试用分离原理帮他解决所需眼镜的矛盾。

第十五节

分割原理

在 TRIZ 发明创新的 40 条原理中,第 1 条是分割原理。下面介绍分割原理的具体内容和相关典型案例。

分割原理之一:将一个物体分成相互独立的部分。

> **案例 1:**遥控器的发明

早期的黑白电视机,如图 15-1 所示,开关、音量、频道等功能按钮键都在机体上,想操作任何一个功能键,都要到电视机跟前才能完成,使用很不方便。如何解决这个问题?

图 15-1 黑白电视机

根据 TRIZ 矛盾冲突分析方法,首先,要明确问题的矛盾冲突。通过对技术系统的分析,这个问题的矛盾是选择开关、频道、音量不方便,也就是到电视机跟前完成操作与人们想随时随地完成操作之间存在矛盾和冲突。其次,要转换通用参数。将问题的矛盾冲突转换成通用参数,该问题实际上是 39 个通用参数中第 35 个参数"适应性"与第 33 个参数"可操作性/使用性"之间的矛盾。再次,寻找合理的解决方案。根据"矛盾矩阵表",第 35 行与第 33 列交叉框内提示"15、34、1、16"四种方案,其中的 1 就是分割原理。最后,提出解决问题的方案。根据分割原理,将开关、频道、音量等功能和显示器或机体分开,从而激发人们创造了能在远处控制电视机的"遥控器"。

这种矛盾冲突分析方法具有一定的代表性和普适性,具有稳定性和程序性的特征,因此,我们把这种分析方法称为 TRIZ 矛盾冲突分析模型,如图 15-2 所示。也就是任何创新问题,在无法直接得到解决方案时,可先转化成标准问题,然后依据矛盾矩阵表,找到标准解,最后再回归到原问题的解决方案。

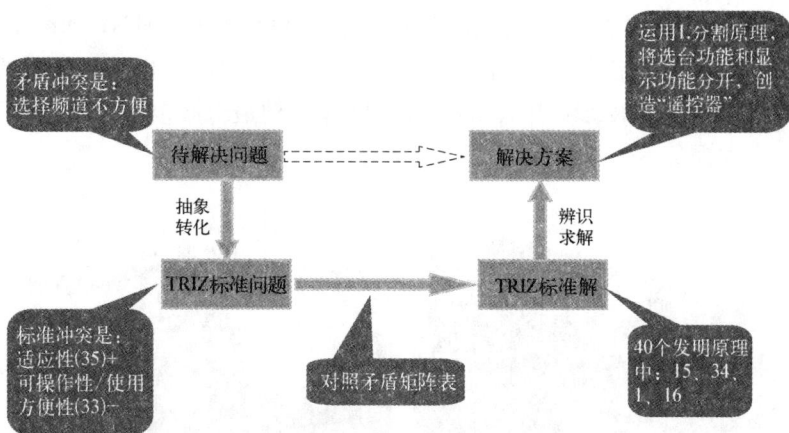

图 15‑2　黑白电视机的矛盾冲突分析模型

分割原理之二：把一个物体分成容易组装和拆卸的部分。

案例 2：甩挂运输车的产生

　　传统货车的车厢与车头都是一个整体，如图 15‑3 所示，这样在装卸货物时，驾驶员就必须在现场等候，从而浪费了很多时间。如何充分利用时间，让驾驶员的车能从事更多的运输？

图 15‑3　传统的货车

　　根据 TRIZ 矛盾冲突分析模型，这个问题的矛盾冲突是整体车辆使用不方便，如何解决这个新问题？转化为标准问题就是适应性(35)＋，可制造性(32)－，对照矛盾矩阵表，来寻找标准解；在 40 个发明原理中，有 1、13、31 三个原理可选择，依据第 1 个分割原理，可以把车厢与车头分开。矛盾冲突分析模型如图 15‑4 所示。

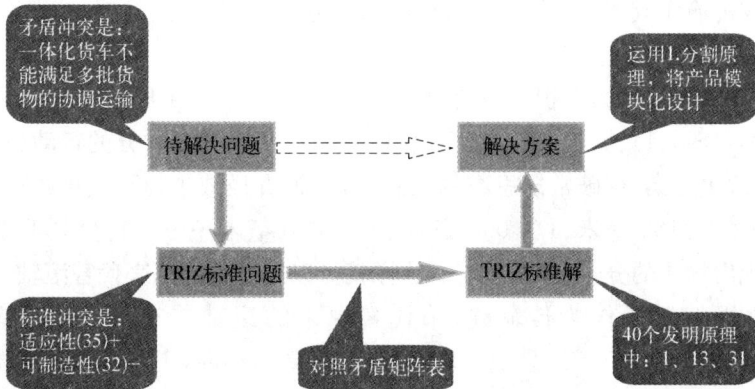

图 15‑4　传统货车的矛盾冲突分析模型

根据分割原理的建议,把车头与车厢分开,制造出可分离的甩挂车,如图 15－5 所示,开展甩挂运输,汽车按预定计划,在各装卸作业点甩下一个挂车,再挂上指定的挂车继续运行。这样可使载货汽车(或牵引车)的停歇时间缩短到最低限度,从而可最大限度地利用牵引能力,大大提高运输效能。

图 15－5　甩挂运输车

分割原理之三:增加物体相互独立部分的程度。

案例 3:玻璃成型

　　玻璃在生产过程中,大体经过六个工艺流程:上料、熔化、成型、退火、切割、收片。首先是将原料运输入库,经过准确称量,按照一定比例混合输送到熔窑,在 1 800 ℃高温的作用下,混合料融化成液态,经过复杂的均化、澄清、冷却等物理化学变化,成为合格的玻璃液。接下来是要让高温状的玻璃液冷却下来,并送到指定位置进行加工处理。如何完成这道工序呢?

　　温度如此之高的玻璃液如何在短时间内逐渐冷却呢?在高温下处于柔软状的玻璃如何输送到指定地点呢?如果采用常用的滚轴传输线的输送方式,柔软玻璃会因为重力下垂而变形,导致玻璃表面凹凸不平,后续需要大量的打磨工作来进行修正。那么如何进行改进呢?

　　有人提出,减小传输线上的滚轴直径,增加滚轴数量,从而减少玻璃悬空的面积,提高玻璃的平度。但随之而来的问题是,滚轴的直径减小到什么程度呢?滚轴的直径不断减小势必会造成传输线成本大幅上升,又该如何解决这个矛盾呢?

　　利用 TRIZ 理论进行分析:

　　矛盾在于:移动物体的面积(5)和装置复杂性(36),对照 TRIZ 矛盾矩阵表,可以采用这些解决方案:分割(1)、倒置(13)、球型化(14)、采用部分的或过分的行动(16)。基于分割原理(1)的解决方案:突破常规思维的限制,将滚轴直径减小、减小、再减小、无限缩小,小到 1/10 毫米、1/100 毫米、1/1 000 毫米、1/10 000 毫米……一直分割下去,会是什么呢?就会呈现出物质的分子、原子状态。这样就可以用熔化的锡来代替滚轴,用一个长长的、盛满熔化锡的槽子作为传输线,来代替原来的滚轴传输线。由于锡的熔点为231.86 ℃,沸点高达 2 270 ℃,呈现出熔点低、沸点高的特性,正适合高温玻璃液、通红玻璃板的冷却温度区间,融化锡在重力作用下,呈现出一个绝对平面,可以很好地满足玻璃液冷却成型的工序要求,而且还保持玻璃面平滑程度。玻璃液漂浮在锡液表面,在下一道工序的牵引力作用下前行,依靠拉边机的控制,制成符合要求的宽度和厚度的玻璃板。玻璃板通过过渡辊台进入到退火窑,按照一定的退火曲线把温度从 600 ℃降到 70 ℃左右,释放应力,满足后续切割的需要。这种从传统滚轴输送到浮法玻璃锡槽的应用,如图 15-6 所示,就是分割原理的典型应用。

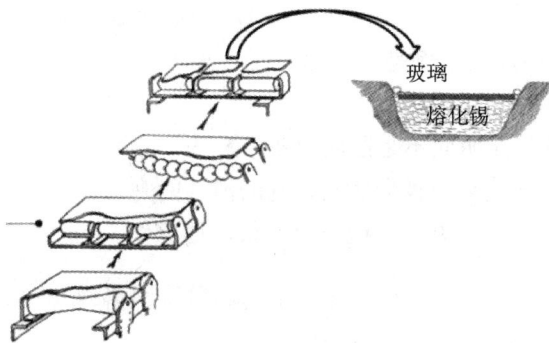

图 15-6 滚轴输送到锡槽的应用

分割原理三也就是要增加物体分割的程度,来有效解决问题和矛盾。这个原理在社会现实中还有诸多应用,如在现代家庭生活中常用百叶窗帘代替整幅窗帘;现代商务采购活动中运用分期付款方式代替一次性付款;现代科技中运用分布式云计算代替集中式独立运算模式,将庞大的运算作业拆分成千百个小型运算作业,分发给远端多台服务器同时运算,极大地提高运算速度和效率。

思政联结

1. 坚持底线思维,防范化解风险——学习贯彻习近平总书记在省部级专题研讨班开班式重要讲话精神

2. 如何防范化解重大风险? 习近平总书记这么部署!

☞ 扫码见全文
《坚持底线思维》

☞ 扫码见全文《如何防范化解重大风险》

训练题

一、选择题

1. 在现实生活中,人们用软的百叶窗帘来代替整幅的窗帘,这符合的发明原理是(   )。

    A. 抽取   B. 分割   C. 非对称   D. 一维变多维

2. 人们在大型项目实施过程中，经常运用工作任务分解法，这是利用 40 个发明原理中的(　　)。

    A. 提取　　　　　　B. 分割　　　　　　C. 复制　　　　　　D. 预防措施

3. 为了方便，人们设计了"折叠式自行车"，这是利用分离原理的(　　)。

    A. 基于条件的分离　　　　　　　　B. 时间分离

    C. 空间分离　　　　　　　　　　　D. 系统级的分离

4. 下列符合分割原理的案例是(　　)。

    A. 磨砂新技术

    B. 我们需要的是照明而不是照明设备

    C. 我们需要的不是真空吸尘器而是它的清洁能力

    D. 电动割草机在小规模的草地上可以很好地工作

二、案例分析题

1. 请你寻找一项现实生活中可用分割原理进行改善的事例，并分析如何改善。

2. 用矛盾冲突分析模型来分析下列两个事例：

    (1) 固定式哑铃与活动式哑铃，如图 15 - 7 所示。

    (2) 固定家具与组合家具，如图 15 - 8 所示。

图 15 - 7　固定式哑铃与活动式哑铃

图 15 - 8　组合家具

第十六节

抽取原理

在 TRIZ 发明创新的 40 条原理中,第 2 条是抽取原理。下面介绍抽取原理的内容及其应用。

抽取原理之一:从系统中抽出可产生"负面"影响的部分或属性。

在这里,系统可以理解为一个物体或者一个虚拟的系统。对任何系统,我们都可以将其分为有用部分和有害或无用部分,通过把有害部分抽取,可以得到性能更好、质量更高的系统或产品,如稻谷要去壳才能变成大米、吃鱼要去掉鱼刺、矿石提炼要去渣、提高通信质量要去掉噪音等都是这种原理的应用。这种情况是通过除掉无用或者有害的属性来提高系统的品质。抽取原理体现了技术系统提高理想度进化法则,其根本目的在于:减少无用,增加有用,提高系统价值。抽取原理很容易理解,但在实践中,如何抽取是比较困难的环节。

> **案例1:**空调压缩机

空调是现代社会生活中常用的家电设备,压缩机是空调的重要组成部分,但它在压缩空气时会产生较大的噪音,影响人们休息或工作,如何解决这个问题?

根据 TRIZ 的矛盾冲突分析模型,如图 16-1 所示。

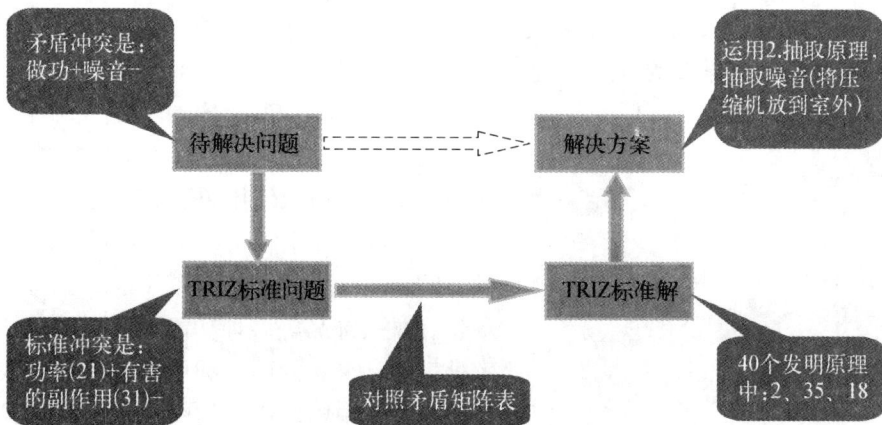

图 16-1　空调压缩机的矛盾冲突分析模型

待解决问题的矛盾在于压缩机做功要增强,但噪音又要减小。转化为 TRIZ 标准问题是功率(21)要增强,但有害副作用(31)要减小,对照矛盾矩阵表,可采用抽取(2)、振动(18)、参数变化(35)三种方案。根据抽取原理,应该抽取噪音,因此将产生噪音的压缩机抽取出来放到室外,从而减小和降低了噪音干扰。

抽取原理之二: 仅从系统中抽出必要的部分和功能。

通过抽取必要的部分和功能来简化系统,或者得到新的或进化后的系统,比如中药提取就是将中药中真正有用的成分提炼出来,而将无用或者有害的东西剔除掉。

案例 2:狗叫声防盗报警器

生活中,人们常常通过养狗来看家防盗。但实际上,很多人对狗叫防盗报警有需求,却不喜欢狗、不想养狗或养不起狗,那么该怎么处理这个问题?

图 16 - 2　狗叫声防盗器

我们发现,这个问题的矛盾冲突在于:防盗报警需求要增加,养狗需求要减少。如何转化为标准矛盾?防盗报警的关键是要及时发现,及时报警,所以注重的是速度,不想养狗实际上就是要减少实体,因此可以转化为标准矛盾:速度(9)+,移动物体重量(1)-。对照矛盾矩阵表来寻找标准解;在 40 个发明原理中有:抽取(2)、机械系统的替代(28)、逆向思维(13)、加速强氧化(38)四种方案可选择,依据第 2 个抽取原理,抽取人们需要的狗叫声,制作专用报警器,可以满足人们的需求。于是,天猫网站上有一款"无线店铺家用人体红外感应狗叫声防盗器",如图 16 - 2 所示。

案例 3:美图秀秀

随着智能手机的普及,随时随地拍个照片已是常见的事。人们不仅拍照片,还希望能美化处理照片。一般来说,美化照片要用专业的 PhotoShop 等软件,而这个专业软件不是每个人一时半会都能学会的,那么该怎么处理这个问题?

图 16 - 3　美图秀秀软件

于是,有人将 PhotoShop 这种专业软件的一部分功能提取出来,开发成美图软件,简化操作,让用户简便快捷地使用,从而满足广大消费者的需求。现在网上就有一款叫美图秀秀的美图软件,如图 16 - 3 所示,它有图片特效、美容、拼图、场景、边框、饰品等多种功能,可以很好地帮助大家处理自己喜欢的图片和照片。特别的是,这个软件自称是中国最流行的图片软件,不用学习就会用,比 PS 简单 100 倍!

可见,深刻理解抽取原理,在操作层面上运用挑选、提取、提炼、抽象、过滤、去噪等手段,可以创造出更多有价值的产品。

思政联结

1. 习近平总书记的传统文化情结:提取民族复兴的精神之钙
2. 人民日报:努力提炼中华优秀传统文化的精神标识

☞ 扫码见全文《提取
民族复兴的精神之钙》

☞ 扫码见全文《努力提炼
中华传统文化的精神标识》

训练题

一、选择题

1. "用狗叫唤的声音,而不用真正的狗,来作为防夜贼的报警"是利用了 40 个发明原理中的(　　)。

    A. 反馈　　　　　　　　　　B. 预防措施

    C. 有效作用的连续性　　　　D. 提取

2. 从一个物体或者一个系统中将必要的部分或者性质抽取出来,这个原理是(　　)。

    A. 分割原理　　　　　　　　B. 增加不对称性原理

    C. 局部质量原理　　　　　　D. 抽取原理

3. 下列不属于抽取原理的具体措施的是(　　)。

    A. 从物体中剔除"有害"部分

    B. 从物体中提取"有用"部分

    C. 将系统中的关键部分挑选或分离出来

    D. 用惰性环境代替通常环境

二、案例分析题

避雷针,又叫防雷针、接闪杆,是用来保护建筑物、高大树木等避免雷击的装置。避雷针的创造发明是否符合抽取原理,请予以分析和说明。

第十七节

局部质量原理

在 TRIZ 发明创新的 40 条原理中，第 3 条是局部质量原理。下面介绍局部质量原理的内容与应用。

局部质量原理的基本含义是"在某个特定的区域或局部的范围内改变某个事物的某种性质，以便获得所需要的某种特定功能或属性。"这个原理着眼于在特定位置或特殊时间通过某种特别的作用来获得某种最佳的功能或效果。

局部质量原理之一：将物体、环境或作用的同类结构转换成异类结构，均匀结构转化为不均匀结构。

案例 1：光导纤维

现在在通信、医学、汽车等诸多领域广泛应用的光导纤维，简称光纤，如图 17 - 1 所示，它是一种由玻璃或塑料制成的纤维，可作为光传导工具。它的结构就是在光密媒质的内芯外面包裹一层光疏媒质的套层，如图 17 - 2 所示，这两层材质从光学特性来说是不均匀的，当光束以特定入射角从光纤的一端射入时，它会在两种介质的界面发生连续的全反射而不会从界面射出，以很小的损耗传输到光纤的另一端。这就是将物体、外部环境或作用的均匀结构变为不均匀的局部质量原理的应用。

图 17 - 1 光纤

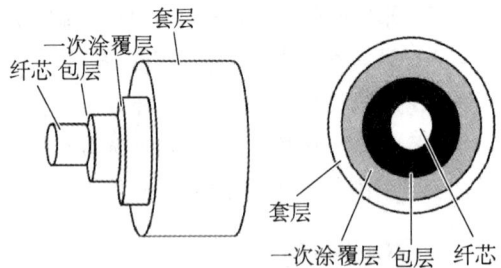

图 17 - 2 光纤结构

局部质量原理之二：让物体的不同部位具有不同的功能。

案例 2：好钢用在刀刃上

刀，是社会生活中常见的、必不可少的器具，不论是古代战场打仗使用的大刀，还是现代家庭生活用的菜刀、砍刀,如图 17-3 所示,人们都希望它们既锋利又轻便耐用。那么如何处理这个问题?

我们知道,要使一把刀锋利耐用,就要用好钢来锻造,好钢用得越多,刀就会越锋利。但同时又出现了另外一个问题,好钢越多,刀的硬度越高,脆性也就越大,使用过程中就容易折断。因此,我们又希望刀有些韧性。但有韧性的材料又不能形成锋利的刀口,而且好钢用得越多,刀的成本就越大。所以,我们要改变局部的质量和功

图 17-3 砍刀

能,要把"好钢用在刀刃上",其余部分就用普通的钢。所以,刀像三明治一样由三层构成,一层"好钢"作为功能层放在中间,有韧性的两层普通钢作为结构层夹在外面,在高温下锻造成一体。开刃后,刀口恰恰是中间的高硬度层。就整体来看,不同部位具有不同的功能,锋利、强度都得到了保证。

另外,像带橡皮擦的铅笔,带起钉器的榔头,带普通钳子、剥线钳、普通螺丝刀、十字螺丝刀、指甲修剪工具等多功能的工具,都是局部质量原理的应用,不同的部位具有不同功能。

局部质量原理之三:让物体的各部分处于完成其功能的最佳状态。

案例 3:内燃机的活塞

活塞是内燃机汽缸体中往复运动的机件,主要作用是承受汽缸中的燃烧压力,并将此压力通过活塞销和连杆传给曲轴做功,如图 17-4 所示。早期的活塞就是简单柱塞,这就要求必须保证柱塞与气缸尺寸的精确配合,还必须使用耐磨的材料,尽管如此,经过一段时间运行后,仍会因磨损而发生气体泄漏,使工作效率降低。因此,活塞的设计与制造既要尽可能少地泄露气体,又要尽量减小与汽缸壁的摩擦,这是两个互相矛盾的要求。那么该怎么处理这个问题呢?

这个问题的矛盾冲突主要

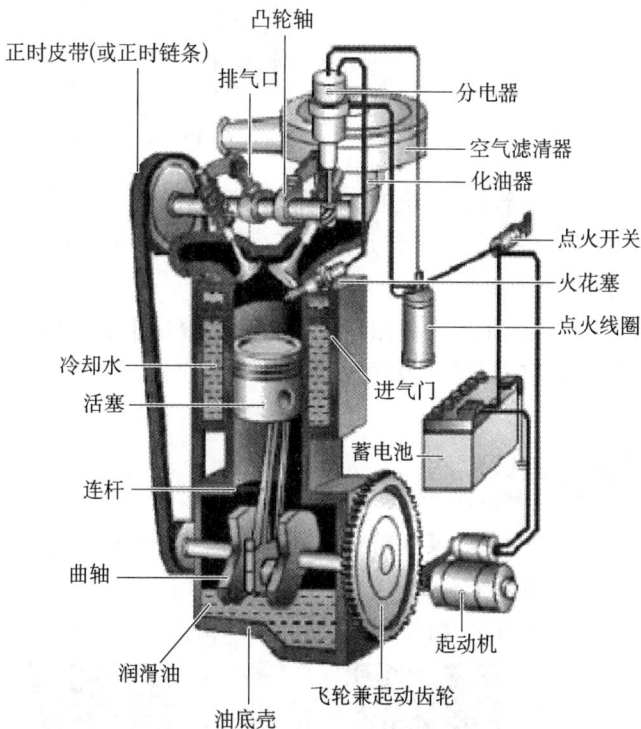

图 17-4 汽油机结构示意图

集中在:活塞既要密封——尽可能少地泄露气体,耐磨——尽可能多地延长活塞使用寿命;又要少摩擦——尽量减小与汽缸壁的摩擦而损失能量。不改变柱状活塞的结构,就难

以同时满足这些要求。于是,将单一的柱状活塞改进为活塞组件,包括活塞、活塞环、活塞销,如图 17-5 所示。带有活塞环的活塞把原来刚性的精确配合变成了弹性配合,活塞环以适度的弹力贴合气缸内壁,使得磨损的负面影响大大降低。另外,把对柱塞的通体的光洁度要求缩小到只保证活塞环外缘的光洁度,硬度的要求也集中在活塞环上。这样,活塞主要的功能要求由活塞环来实现,通过合理的设计(弹性、硬度、光洁度等),使活塞环"处于完成其功能的最佳状态",使上面提到的"既要减少气体泄露,又要尽量减轻与缸壁摩擦"的矛盾得到很好的解决。另外活塞环维护更换便捷,维修成本较低。

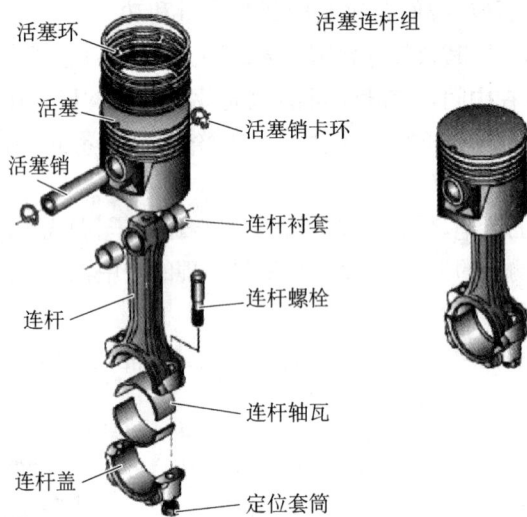

图 17-5 活塞的结构

这一条是让系统的各个部分都处于最佳状态从而实现系统整体功能的最佳。但要注意的是,各自部分最佳是指相互配合的情况下各部分状态达到最佳,而不是简单地使每个元件都最好。

局部质量原理着眼于使质量分布服从于功能目的,以期达到结构对任务的最佳适应,实现系统中资源的最优配置,从而实现产品材料的节约、功能的改进或工艺的优化。

思政联结

1. 观大势,谋全局——习近平总书记系列重要讲话蕴含的一个重要思想和工作方法
2. 习近平总书记治国理政"100 句话"之:"不谋全局者不足谋一域"
3. 习近平"治县观":建好"一线指挥部" 县委书记须"四有"

☞ 扫码见全文 《观大势谋大局》

☞ 扫码见全文《不谋全局者不足谋一域》

☞ 扫码见全文 《建好"一线指挥部"》

训练题

一、选择题

1. 下列指改变一个物体的结构或者外部环境或者外部影响，从而导致该物体在不同的地方或者不同情况下具有不同的特征和影响的原理是（   ）。

    A. 分割原理   B. 抽取原理   C. 局部质量原理   D. 不对称性原理

2. 下列事例中符合局部质量原理的产品有（   ）。

    A. 减少接触面来隔热的比萨外卖盒

    B. 多功能的瑞士军刀

    C. 刀刃和刀身用不同材料做成的刀

    D. 飞机机翼尾部翘起

3. 下列不符合局部质量的是（   ）。

    A. 对象的不同部分实现不同的功能

    B. 对象的每一部分应被放在最有利于其运行的条件下

    C. 将对象或外部环境的同类结构转换成异类结构

    D. 用非对称形式代替对称形式

4. "快餐饭盒设计成不同间隔区来存放冷、热和液体食物"是利用 40 个发明原理中的（   ）。

    A. 提取   B. 状态变化   C. 局部质量   D. 预防措施

5. 下列不属于局部质量原理的具体措施的是（   ）。

    A. 使组成物体的不同部分完成不同的功能

    B. 使组成物体的每一部分都最大限度地发挥作用

    C. 将物体或环境（外部作用）的均匀结构变成不均匀结构

    D. 在气焊中用于防止焊接点的材料发生氧化

二、案例分析题

局部质量原理包含了"让物体的不同部位具有不同的功能"，如锤子的一边做成平的，一边做成扁的，这样就可以发挥敲打和切削的功能。请另外举出一个相关实例，用该原理来做分析和解释。

第十八节

非对称性原理

在 TRIZ 发明创新的 40 条原理中,第 4 条是非对称性原理。下面介绍非对称性原理的内容与应用。

对称,是人类社会生活中非常普遍的、常见的现象,花朵、树叶和果实,蝙蝠、蝴蝶和蜜蜂,房屋、宫殿和宝塔,汽车、轮船和飞机,绘画、雕刻和刺绣,圆形、方形和五角形等,随处可见均匀、对称、和谐的现象,给人以整齐、平稳和协调,庄重、典雅和大方的感受,给人以美的享受。由此,喜欢对称、运用对称、创造对称,是长期以来人们的一种习惯和追求。但有时,颠覆传统模式、突破习惯思维、打破对称形式,可能会改变思路、产生新的创意和意想不到的效果。TRIZ 发明创新 40 条原理的第 4 条非对称性原理就是专门介绍非对称在发明创新中的应用。

非对称性原理之一:用不对称形式代替对称形式。

就是通过改变系统的平衡性,让系统失去平衡,发生倾斜,降低重量,减少用材,变换负载,调整物质流,把对称的物体变成不对称的状态,由此来消除冗余或提高性能。

案例 1:罐装液化气的读数

罐装液化气在很多工厂、饭店或家庭中被使用,如图 18-1 所示,但人们常常会遇到这样一个问题,那就是怎么知道钢瓶里的液化气在使用过程中还剩多少,何时会用完? 若不能及时更换,将会影响正常的生产或生活,这个问题怎么解决?

有人提出用压力表来测量,有人提出用秤来称重量,但这些过程都很麻烦,既不方便也不实用。于是,有人提出了运用非对称原理来解决。传统的煤气罐,底部是一个完整的圆形,是一个对称图形,直立在地面上比较平稳。当把煤气罐的底面做成部分斜面,里面有液态燃气充当气罐底部重物时,气罐会保持直立,一旦液态燃气消耗快要完毕时,底部压重物减少,煤气罐失去平衡,在重力作用下会歪向一边,相当于提醒用户"煤气将用完,请及时更换"。

非对称性原理之二:增加不对称物体的不对称程度。

增加物体不对称程度往往能更加有效地发挥物体的功能和作用,

图 18-1 液化气罐 如豆浆机或搅拌机的刀片,如图 18-2 所示,上下、左右都不对称,在粉

碎或搅拌过程中能减小同一个方向上的阻力,能增加与不同方向物质的接触机会,能更好地发挥粉碎或搅拌功能。再比如,漏斗是一种常见的引流工具,当水从漏斗里流过时会形成漩涡,漩涡使水向外抛,减缓了漏水速度。如果运用非对称原理,设计不对称的漏斗,如图 18-3 所示,水流通过时,不对称的漏水口就会降低漩涡的速度,从而加快漏水的速度。

圆柱管道

图 18-2 搅拌机的刀片   图 18-3 不对称的漏斗

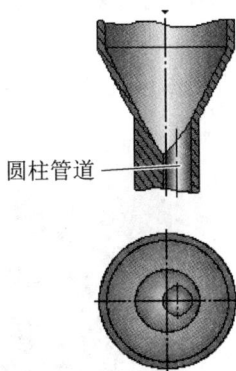

非对称原理所应用的物体不对称,除了形态的不对称之外,还可以是质量的不对称,颜色的不对称,功能的不对称,密度的不对称,接口的不对称,受力的不对称,重心的不对称等多种情况。

(1) 通过增加不对称性让物体各部分在运行过程中发挥的作用不同

在日常生活中,我们经常见到铰链门,在门的一边安装有铰链,一方面用来保证门的开启自由和稳固,另一方面要承载门的重量。但我们发现,门在开关的过程中,安装铰链的门边、门框或铰链经常会损坏,如何解决这个问题? 运用非对称原理,如果我们把门没有铰链的一边做得轻薄一些,让门的质量分布变得不对称,这样不仅可以节省材料,还可以减轻铰链应力,延长铰链的寿命,同时,门的开关也更加省力和轻便。

(2) 通过增加不对称性来规避有非对称要求的物体由于使用差错带来的风险

USB 是通用串行总线(Universal Serial Bus)的简称,是一种串口总线标准,也是一种输入输出接口的技术规范。USB 接口原始设计是一个扁平和矩形的形状,它被广泛应用于电脑、通信工具、数字电视、摄影器材、移动设备、游戏机等诸多领域,但早期的 USB 接口是有正负极要求的,为了防止人们在使用过程中插错正负极,设计者一开始就运用非对称原理给它加入了防呆设计,如图 18-4 所示,使用者只能按照规定的方向插拔,从而避免误插造成的风险。

图 18-4 USB 接口

(3) 通过增加不对称性来增加产品的易用性和可识别性

现代生活中,组合家具使用很普遍,为了方便家具的安装,将家具部件的接合件设计成不对称的,比如不锈钢三角支架,如 18-5 所示,短边 2 个孔,长

图 18-5 不锈钢三角支架

边 3 个孔,只要按照一定的顺序或方向就能组装家具,降低组装难度,普通人也能完成家具安装任务,为家居的安装、使用和销售带来极大方便。

(4) 通过增加不对称性使系统各部分所受的作用力不均衡,从而减少材料的浪费

桥梁在设计和建造时,桥孔是重要的组成部分,一方面要保障桥梁牢固安全,另一方面也要保证通航、泄洪的需要。因此,可以根据水流分布来设计桥孔,泄洪隧道可以设计成上面小孔下面大孔,如图 18-6 所示,这样水流不大时大孔可以作为通道,水流增大时小孔又可以发挥泄洪作用,这种大小孔不一的设计还减少了建筑材料。

图 18-6 多孔桥梁

(5) 通过增加物体功能需求的不对称来降低资源消耗,实现资源充分利用和节约成本的目的

现行居民用电的电费问题,以前基本上是统一的、单一的电价制度,由此造成不同时段电力紧缺或过剩现象严重。为了鼓励居民根据电网的负荷变化,合理安排用电时间,人们运用非对称原理,制定了分段计费制,将每天 24 小时分成高峰、平段、低谷等多个时段,对不同时段分别实行不同的电价,促进居民合理用电,削峰填谷,提高电力资源的利用效率。

(6) 通过不对称来改变系统的参数或者属性

普通自行车前后轮大小是一样的,自行车速度的变化主要由骑行人的用力程度来决定。而变速自行车,根据非对称原理,安装了大小齿轮,如图 18-7 所示,作为变速系统,通过改变链条与不同前、后大小齿轮盘的配合就可以改变车速快慢。

图 18-7 变速自行车

思政联结

1. 习近平总书记论科技赶超战略：应该有非对称性"杀手锏"
2. 《非对称》赶超战略驱动科技创新

☞ 扫码见全文
《论科技赶超战略》

☞ 扫码见全文《赶超
战略驱动科技创新》

训练题

一、选择题

1. 下列指改变一个物体或者系统的外形从对称到不对称的原理是（　　）。

A.分割原理　　　B. 抽取原理　　　C. 局部质量原理　　D. 不对称原理

2. 下列是使用增加不对称性原理的具体措施的是（　　）。

A. 从物体中拆出"干扰"部分　　　B. 使物体分成容易组装和拆卸的部分

C. 让不对称物体变得更加不对称　　　D. 让物体始终保持对称的形式

二、简答题

请你列举出 1～2 种运用非对称原理设计的产品。

三、案例分析题

在机械加工中，常用的双角铣刀有对称双角铣刀和不对称双角铣刀，请你选择一种不对称双角铣刀，分析它的设计原理、用途和特点。

第十九节

多用性原理

在 TRIZ 发明创新的 40 条原理中,第 6 条是多用性原理。下面介绍多用性原理的内容与应用。

多用性原理:使物体或物体的一部分实现多种功能,以代替其他部分功能。

多用性原理认为,每个事物都不是相互独立、只有有限用途的。换而言之,事物的用途是可以开发的、增加的、创造的。就像房子的用途,从遮风挡雨、饮食起居等基本功用,可以拓展到休闲娱乐、储存财富、防范盗匪、传承文化等。

自从人类制造和使用石器以来,为了解决生存、生活和生产过程中的各种问题、矛盾和需要,人们不断创造出新的物质和工具,从而改变了人类的生活和工作方式。但随着人类的需求和欲望的发展,物质和工具的多样性与功能的单一性给人们带来了诸多的不方便和不适应,追求一物多用、物尽其用的思想越来越受到欢迎、重视,也越来越得到普遍运用。

案例 1:多功能熨衣板

熨衣板是家庭生活的常用物品,人们熨完衣服后效果究竟如何,往往需要找一块镜子照一照。但有时身边没有镜子,边熨衣服边找镜子很不方便,那么,能否有更加方便的办法呢?

根据多用性原理,能否让烫衣板这个物体实现多种功能呢? 于是,人们想到在烫衣板的另一侧装上镜子,如图 19-1 所示,使烫衣板既能熨衣服也能照镜子,从而解决问题。

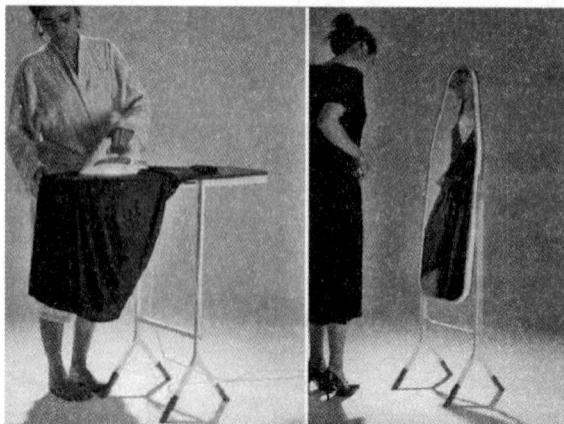

图 19-1 多功能烫衣板

案例 2：瑞士军刀

瑞士军刀是瑞士军方为士兵配备的具有多种功能的工具刀，如图 19-2 所示，又称为瑞士刀、万用刀。我们知道，普通的折叠刀是由一个可折叠的小刀和收纳它的外壳组成，后来人们发现士兵野外生活还需要随身携带一些常用工具，但考虑到对它自身的保护以及防止这些工具损伤衣服或皮肤，也需要一个壳体。既然折叠刀已经有了

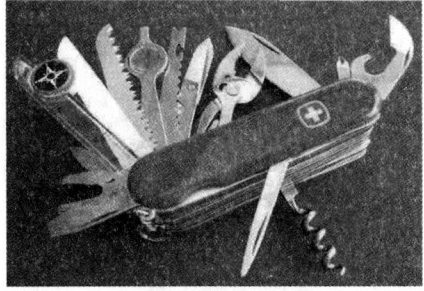

图 19-2　瑞士军刀

外壳、轴和定位簧片，不妨大家共用这些零件，于是在普通折叠刀中增加了牙签、剪刀、平口刀、开罐器、螺丝刀、镊子、木锯、钢丝钳、放大镜、尺子等多种工具，使其具有多功能和多用性。

案例 3：车载多功能安全锤

汽车，作为当今社会一种非常重要、非常普及的交通工具，为经济社会的发展发挥着重要作用。但是，随着汽车数量的大幅增加，汽车安全事故的发生也日益增多。当汽车遇到着火、落水、交通事故等各种突发事件时，紧急逃生、报警、求援、应急维修等是至关重要的环节。因此，救生锤、报警器、手电筒、安全带割刀等就应该是必备的基本工具。但人们又不希望工具太多而不易携带、不方便取用，人们希望一个物体/工具最好有多种用途。于是，人们运用多样性原理，发明了多功能车载安全锤，如天猫网站上就有一款"洗匠品牌多功能安全锤"，如图 19-3，它汇聚了十几种功能，有钨钢锤尖的救生锤、安全带割刀、强光手电筒、红蓝爆闪灯、蜂鸣报警器、太阳能充电、LED 检修灯、紧急充电宝、指南针等功能。

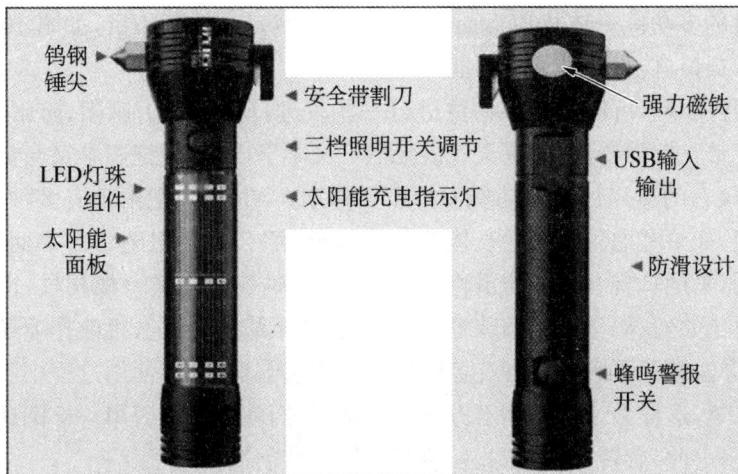

图 19-3　多功能安全锤

图 19-4　iPhone 11 手机图片

案例 4：智能手机

手机，又叫无线电话或移动电话，原本只是一种便携式通信工具。但随着技术的发展，现在的手机绝大多数都是智能手机，如 iPhone 11，如图 19-4 所示，像个人电脑一样，具有独立的操作系统和触摸屏，兼备通讯、拍照、摄像、电子邮件、音乐、导航、遥控、银行账户管理、支付宝或微信支付、网络学习等多种功能，它的多用性使得手机已成为人们生活不可或缺的重要工具。而且，新功能的开发和集聚还在持续进行。

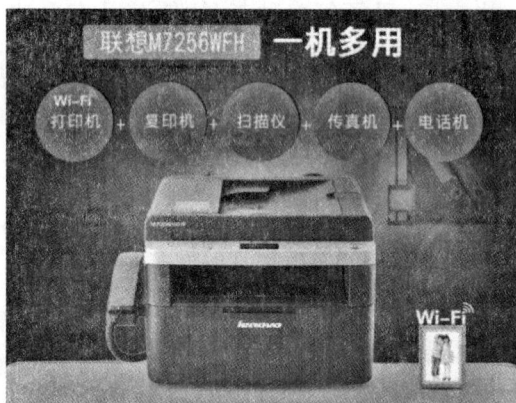

图 19-5　四合一打印机

案例 5：多功能一体机

打印机是大家熟悉的现代办公常用设备，无论是政府机关、事业单位或学校，公司、企业或个体户，银行、税务或商场，车站、码头或饭店等，各行各业在日常办公、商务活动过程中都要用到打印机。所以，打印机从针式打印机、喷墨式打印机一直发展到现在的激光打印机。随着计算机和通信技术的不断发展，办公模式和业务内容的不断改变，办公速度和质量要求的不断提升，人们对文本的复印、资料的传真、电话的交流等方式都有不同程度的需求，满足单一功能的复印机、传真机、电话机都得到了极大的发展，但人们还希望满足各种需求的设备种类减少而功能增加，充分发挥一个物体的多样性，于是集打印、复印、扫描、传真等众多本领于一身的多功能一体机应运而生，如天猫商城有一款打印机，如图 19-5 所示，具有打印、复印、扫描、传真和电话的功能。

运用多用性原理，可以对很多物件进行一些改进，比如，为了遮阳、防雨，人们出门时常常会随身携带一把雨伞，但如果天气既无烈日又不下雨，带一把雨伞又会显得多余或负担，因为雨伞仅有的遮风挡雨的功能发挥不了作用。如果，一把雨伞有多种用途，或许就不会变成负担，如果考虑到伞柄的长度和拐杖接近，那么只要把雨伞的手柄改成弯曲的，伞柄结实耐用，伞尾具有一定的防滑性，当雨伞收拢时就可当作一根拐杖，出门携带就不感到累赘。再比如，我们常用的圆珠笔是黑色的，如果绘画、标记、批改作业还需要红色或蓝色，普通的办法就是再准备一支红色圆珠笔或蓝色圆珠笔，在使用过程中不断去更换不同颜色的圆珠笔，这样会让人感到不方便。于是，人们就设想能否用一支圆珠笔来满足不同颜色的需要，由此，旋转式、按压式三色圆珠笔就被创造出来了。

可以看出，产品多用性符合人们对产品多功能的追求，也符合节约原则，不光节约成本，还可能节省空间、减轻重量、减少材质、更加节能等。多用性也有利于提升产品的价值,往往通过有限的投入和改进即可将单一用途的产品改造成多种用途的产品,起到事半功倍的效果而受到客户的好评。

思政联结

1. 习近平:一个复合型的基础设施网络正在形成
2. 习近平总书记要求发挥互联网三项新功能

☞ 扫码见全文《一个复合型的基础设施网络正在形成》

☞ 扫码见全文《发挥互联网三项新功能》

训练题

一、选择题

1. ( )指使物体或者系统的一个部分具有多种功能,并且除去对其他部分的依赖。

    A. 嵌套原理   B. 组合原理   C. 多用性原理   D. 重量补偿原理

二、简答题

1. 说说图 19-6 的多功能钳有哪些功能?
2. 请列举出手机的五个缺点,并给出改进措施。

三、案例分析题

1. 现在的钢笔,功能单一,请拓展思维,对钢笔进行创新设计。

图 19-6　多功能钳

2. 以老年人使用的拐杖为例,请在上面增加 5 种以上的功能,使手杖具有多用性。

第二十节

嵌套原理

在 TRIZ 理论的 40 条创新原理中,第 7 条是嵌套原理。下面介绍嵌套原理的内容与应用。

TRIZ 对嵌套原理的基本解释是,设法使事物之间彼此相配合、相吻合或放入其中。在人类科技发展历史上,有一些难题和创新就是通过嵌套原理才获得圆满解决的。

嵌套原理之一:将一个物体放在第二个物体中,将第二个物体放入第三个物体中……

> **案例 1:**俄罗斯套娃

图 20-1 谢尔盖耶夫工商区套娃

俄罗斯有一种特产,是一种木制的玩具,叫俄罗斯套娃,它是由多个图案相同的空心木娃娃一个套一个组成的,最多可套十几个,如图 20-1 所示。套娃有红、蓝、黑、绿、紫、金等多种颜色,传统图案是身穿俄罗斯民族服饰的姑娘画像,这就是套娃的通称。随着手工艺的发展,套娃图案还包括童话角色、政治人物、个人肖像等丰富素材。

套娃就是嵌套原理的典型应用,体现了俄罗斯人的创意、时代工匠的精湛雕刻和绘画技巧以及俄罗斯民族文化的传承与积淀,受到世界各国朋友的喜爱。

嵌套原理之二:让一个物体穿过另一个物体的空腔。

> **案例 2:**电线与电缆

19 世纪 60 年代后期,随着电的发明与应用以及电气化事业的突飞猛进,人类开启了第二次工业革命,进入了"电气时代"。用金属来导电,得到极大的需求。但裸露的金属线无法满足室内、室外、家庭、工厂、海底、地下、机器设备、电路板等各种环境下的用电安全需要。怎样解决这个现实问题?

1879 年,爱迪生发明白炽电灯后,为电灯配套发明了绝缘铜缆线,即在金属铜线外面套上绝缘套管,从而发明了绝缘导线,对电的传输与普及应用产生了重大意义。后来,人们把多根绝缘导线与外保护层嵌套组成电缆,进一步扩大了电线与电缆的广泛应用,如图 20-2 所示。

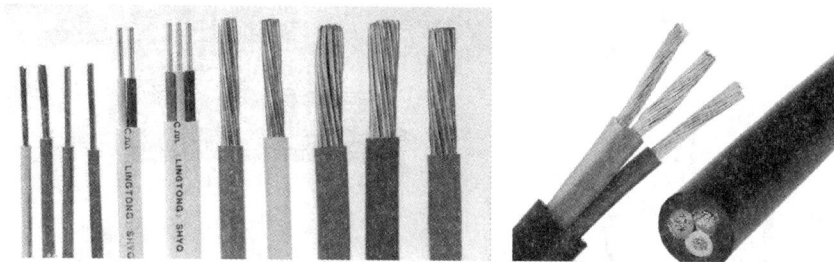

图 20-2 电线与电缆线

案例 3:火车的车轮与轮箍

火车的车轮是火车的重要组成部分,如图 20-3 所示,它需要承载巨大的重量,在铁轨上高速驰骋而不停地发生滚动摩擦和滑动摩擦,其磨损程度可想而知。因此,火车在生产过程中对车轮的承载性、摩擦性、防腐性、安全性要求特别高,要求车轮有足够承载强度和良好的耐磨性。为了应对磨损、延长车轮寿命,必须使用耐磨的高强度合金钢。但如果整个车轮都用这种合金材料,制造成本又会大大增加。那么如何解决这个问题呢?

现在通用的解决办法是:用铸钢制造车轮,而用合金钢制作轮箍,如图 20-4 所示。组装时将轮箍套在车轮的外缘,为了使轮箍紧密地套在车轮上,轮箍的内径要做得比车轮外径稍微小一点,在套轮箍的时候先把轮箍加热,然后套在车轮上,根据热胀冷缩原理,冷却后轮箍就能够紧紧地箍在车轮上,加载也不会松脱,磨损后还可以只更换轮箍。既解决了磨损问题,又带来了经济效益。

图 20-3 火车车轮

图 20-4 车轮的轮箍

嵌套原理在生产、生活中的使用是非常普遍的,收音机上的拉杆天线,如图 20-5 所示,折叠雨伞的伞柄,如图 20-6 所示,测量用的钢卷尺,如图 20-7 所示,伸缩变焦相机的镜头,如图 20-8 所示,通信用的光纤,如图 20-9 所示,超市手推车,如图 20-10 所示等。嵌套原理的运用,不仅是物理形态的变化,对提高产品的质量、性能和特征都是至关重要的。在运用嵌套原理时,可以尝试从水平、垂直、旋转和包容等不同的角度来考虑嵌套,看能否节省空间、减少重量、增加功用或提高性能。

图 20-5　拉杆天线

图 20-6　折叠伞伞柄

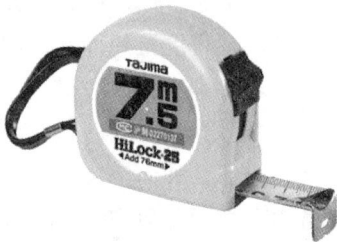

图 20-7　钢卷尺

图 20-8　伸缩式照相机镜头

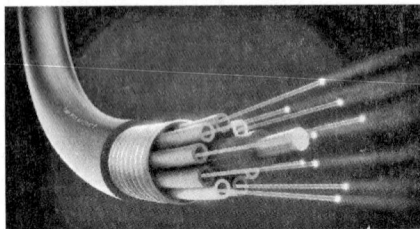

图 20-9　光纤

图 20-10　超市手推车

训练题

1. "俄罗斯套娃"是利用了 40 个发明原理中的(　　　)。

　　A. 自服务原理　　　　　　　　　　B. 局部质量原理

　　C. 嵌套原理　　　　　　　　　　　D. 有效作用的连续性原理

2. 将一个物体放在第二个物体中,将第二个物体放在第三个物体中,以此类推,这是运用了(　　　)。

　　A. 预先作用原理　　　　　　　　　B. 预先反作用原理

　　C. 重量补偿原理　　　　　　　　　D. 嵌套原理

第二十一节

预先反作用原理

在 TRIZ 理论的 40 条创新原理中,第 9 条是预先反作用原理。下面介绍预先反作用原理的内容与应用。

预先反作用原理:预先了解物体或系统可能出现故障的地方,并采取行动来消除、控制或防止故障的发生。也就是事先给物体施加反作用力,来消除将可能出现的作用力和不利影响。

如果我们事先知道,系统在运行过程中会有不利的或者有害的作用产生,那么,我们就可以预先采取一定的措施来预防、控制或抵消这种不利局面,防止负面作用产生不良后果,起到防患于未然的作用。

案例 1:汽车减震器

汽车是现代生活不可或缺的交通工具,汽车在路上行驶时,大家都不希望其振动、颠簸、摇晃,都希望它能给人们带来平稳、舒适、安全的乘车环境,如何才能做到?

汽车在坎坷的路段行驶,振动、晃荡似乎是难免的,为减小或预防剧烈振动的发生,人们根据预先反作用原理,发明了一个重要汽车部件——减振器,如图 21-1、图 21-2 所示,用来抑制来自路面的冲击,保持汽车平稳行驶。

图 21-1　汽车前轮减震系统

图 21-2　汽车减震器

在汽车悬架中,减震器和弹簧是相互配合使用的,当车身下压时会压缩弹簧,在弹簧力作用下车身又要反弹,此时减震器对弹簧的反弹起到阻尼作用,即在反弹后趋于稳定。如果没有减震器,弹簧在反弹后可能会反复振动,从而引起车身多次振动后才能趋于平稳,这样车子的稳定性、舒适性就大大减弱。所以,减震器是为汽车悬架的弹簧在反弹时起到阻尼减震的作用。

减震器的工作原理是:减震器中有个活塞,如图 21-3 所示,其中,1. 活塞杆;2. 工作缸筒;3. 活塞;4. 伸张阀;5. 储油缸筒;6. 压缩阀;7. 补偿阀;8. 流通阀;9. 导向座;10. 防尘罩;11. 油封。当减震器被压缩时,活塞向下运动,如图 21-4 所示,下腔容积减小,上腔容积增大,流通阀打开,下腔的油液通过流通阀进入上腔;同时一部分油液打开压缩阀进入储油缸。这两个阀对油液的节流作用使减震器产生压缩运动时的阻尼作用。当减震器被伸长时,活塞向上运动,如图 21-5 所示,上腔容积减小,下腔容积增大,伸张阀打开,上腔的油液通过伸张阀进入下腔;同时一部分油液打开补偿阀,由储油缸进入下腔。这两个阀对油液的节流作用使减震器产生伸张运动时的阻尼作用。

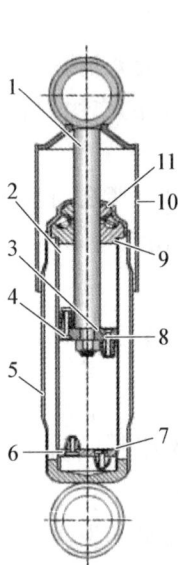

图 21-3 活塞

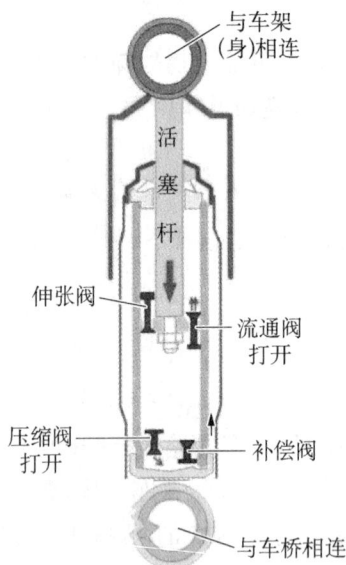

图 21-4 活塞向下运动

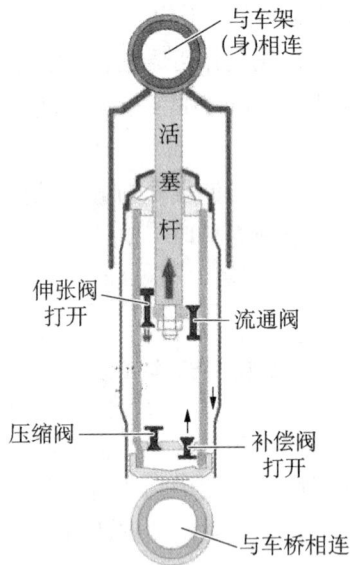

图 21-5 活塞向上运动

可见,当车身受振动发生相对运动时,减震器内的活塞就上下移动,减震器腔内的油液便反复从一个腔经过不同的孔隙流入另一个腔内。此时孔壁与油液间的摩擦和油液分子间的内摩擦对振动形成阻尼力,使汽车振动能量转化为油液热能,再由减震器吸收散发到大气中,主要是将振动的能量通过摩擦作用转化为热量,起到减振的作用。

案例 2:南京长江第二大桥

2001 年 3 月 26 日正式通车的南京长江第二大桥,当时被誉为"中华第一斜拉桥",它由南、北汊大桥和南岸、八卦洲及北岸引线组成,全长 12.5 公里。其中,南汊大桥为双塔双索面钢箱梁斜拉桥,如图 21-6 所示,以其 628 m 主跨而成为世界第三大斜拉桥。

其中,双塔对桥面可起到支撑作用,但我们知道,当车辆在桥面上行驶时,对桥面向下的压力增大,给桥面的承载力带来极大的挑战,根据预先反作用原理,人们设计了双索斜拉桥结构,对桥面预先起到向上的拉力,从而增加桥面的承重力。

图 21 - 6 南京长江第二大桥

案例 3：预应力混凝土结构

钢筋混凝土结构在现实生活中被广泛运用，它是由钢筋和混凝土混合制造而成。我们知道，混凝土的特点是：抗压强度高、抗拉强度低；钢材的特点是：抗压强度低、抗拉强度高。钢筋混凝土就是利用这两种材料的优势互补而制造的建筑材料。

但在实践运用过程中，人们也发现一些问题，如钢筋混凝土的横梁，如图 21 - 7 所示，上层承受压力、下层承受拉力。当负载较小时，下层钢筋的拉应力并不很大，如果继续增加负载，下层钢筋就要发生长度和方向的形变，这个形变越大，钢筋的拉应力就越大。尽管这个拉伸形变非常小，一般只能通过仪器才能测出。但由于混凝土的抗拉强度很低，不可能与钢筋同步发生长度和方向的拉伸，这样在横梁的下层就会出现许多小裂纹，这种开裂的情况就会影响构件（横梁）的承载力，带来极大的安全隐患。

图 21 - 7 预应力混凝土结构

针对上述这种情况，19 世纪末美国一位工程师首次提出了"预应力混凝土"概念，为了弥补混凝土过早出现裂缝的现象，在构件使用之前，预先给混凝土构建一个预压力，即通过人工加力的方法，在混凝土受拉区内，对钢筋进行预压处理，将钢筋进行张拉，利用钢筋的回缩力，使混凝土受拉区预先受压力。这样当构件承受外部负载产生拉力时，就会首先抵消受拉区混凝土中的预压力，然后随负载增加，才使混凝土受拉，这就限制了混凝土的伸长，延缓或不出现裂缝，从而提高了构件的抗裂性能和强度。

预先反作用原理告诉我们，当知道系统在运行过程中，会有不利的或有害的作用产生时，我们就可以预先采取一定的措施来控制或抵消这种不利影响，从而防止负面作用产生不良后果。预先反作用原理不仅用于机械、工程、建筑等领域，在生物、医药、环保以及社会管理等诸多领域都有广泛的运用，如儿童通过接种疫苗来预防某些疾病，疫苗是将病原微生物（如细菌、病毒等）及其代谢产物，经过人工减毒等方法制成的生物制品。事先把疫苗注入人体内,当人体接触到这种不具备伤害力的病原菌后,免疫系统便会产生一定的保护物质,如免疫激素、特殊抗体等;当人体再次接触到这种病原菌时,人体的免疫系统会依据原有的记忆,制造出更多的保护物质来阻止病原菌的伤害,这就是预先反作用。当然,现实生活中运用预先反作用原理的例子很多,我们可以通过收集一些例子,进行深度分析,并逐渐培养运用预先反作用原理进行发明创新的能力。

思政联结

1. [习近平最新用典]备预不虞
2. 习近平谈国家安全:"备豫不虞,为国常道"

☞ 扫码见全文《备预不虞》

☞ 扫码见全文《备豫不虞为国常道》

训练题

一、选择题

1. 在危害出现之前对系统进行必要的改变,这是运用了40个发明原理中的(   )。
   A. 分割原理   B. 抽取原理   C. 预先反作用原理   D. 自服务原理
2. 有人在喝酒前先喝一杯养肝护肝茶,这是运用了40个发明原理中的(   )。
   A. 嵌套原理   B. 局部质量原理   C. 自服务原理   D. 预先反作用原理
3. 将物体暴露在有害环境之前进行遮盖或包裹,这是运用了40个发明原理中的(   )。
   A. 自服务原理   B. 嵌套原理   C. 抽取原理   D. 预先反作用原理
4. 汽车备用轮胎,这是运用了40个发明原理中的(   )。
   A. 预先反作用原理   B. 嵌套原理
   C. 自服务原理   D. 多用性原理
5. 坦克安装履带,这是利用了40个发明原理中的(   )。
   A. 机械振动原理   B. 自服务原理
   C. 预先反作用原理   D. 嵌套原理

二、案例分析题

在现实生活中,人们经常通过预先施加反作用力来抵消工作状态下不期望的过大压力,在有害物揭露前进行必要的保护,在使用X光机时用铅防护板挡住身体的必要部位,用保护胶带来保护物体的某一部分免于着色,等等。请你再寻找一个可以运用预先反作用原理来解决的案例,并做详细分析,提出有价值的创意或发明创造。

第二十二节

逆向思维原理

在 TRIZ 理论 40 条创新原理中,第 13 条是逆向思维原理。下面介绍逆向思维原理的内容与应用。

逆向思维,也叫求异思维,是对司空见惯的似乎已成定论的事物或观点反过来思考的一种思维方式。有"反其道而行之"的想法,让思维向对立面的方向发展,从问题的相反面进行深入探索,树立新思想,创立新形象。

一般地,人们都习惯于沿着事物发展的正方向去思考问题,并寻求解决办法。其实,对于有些问题,从反方向思考也许更容易、甚至可以更好地找到解决办法。

逆向思维主要有三种类型:

(1)反转型逆向思维——从已知事物的相反方向进行思考,产生解决问题的途径。

(2)转换型逆向思维——当解决一个问题的手段方法受阻时,转换成另一个手段和方法来解决。

(3)缺点型逆向思维——充分利用事物的缺点,化不利为有利,化被动为主动,从而找到解决问题的办法。

逆向思维的特点:

(1)普遍性。逆向性思维在各行各业、各个领域、各种活动中都普遍适用,因为对立统一是普遍存在的规律,每一种对立统一的形式就是一种逆向思维的角度,所以,逆向思维有无限多种形式。例如,性质上的对立与转换:高与低、大与小、软与硬、好与坏等;位置上的互换与颠倒:上与下、前与后、左与右、内与外等;过程上的延续与逆转:固态变液态与液态变固态、液态变气态与气态变液态、电转为磁与磁转为电等。不论是哪一种方式,只要是从一个方面想到对立的另一方面,都属于逆向思维。

(2)批判性。逆向是相对正向而言的,是正向的反向。正向思维是指常规的、习惯的、公认的想法与做法。逆向思维是对传统的、惯例的、常规的反叛与挑战,能够破除经验型、习惯型、僵化型认识模式和思维定式。

(3)新颖性。依赖经验、循规蹈矩是一般思维的惯性,按传统方式办事、按已有模式解题是一般人处理问题的本能,这些固化的甚至刻板的方式和路径虽然简单,但往往得到的答案司空见惯或收效甚微。其实,任何事物都具有多方面的属性,逆向思维往往能够跳出经验模式,发觉一般属性的对立属性,生成出人意料、耳目一新的思路和方法。

案例1：司马光砸缸

据《宋史》记载："光生七岁，凛然如成人，闻讲《左氏春秋》，爱之，退为家人讲，即了其大指。自是手不释书，至不知饥渴寒暑。群儿戏于庭，一儿登瓮，足跌没水中，众皆弃，光持石击瓮破之，水迸，儿得活。其后京、洛间画以为图。"这就是流传至今的"司马光砸缸"的故事。

图22-1　司马光砸缸

司马光砸缸，如图22-1所示，是逆向思维的运用。有人落水，常规思维模式是"救人离水"，而年少的司马光无力救人离水，面对险情时果断用石头把缸砸破，"让水离人"，救了小伙伴的性命，这是典型的转换型逆向思维。

案例2：从吹尘机到吸尘器

网上曾有这样一段视频——"成都惊现最奇葩最恶毒的清扫工具——吹尘机"，如图22-2所示。

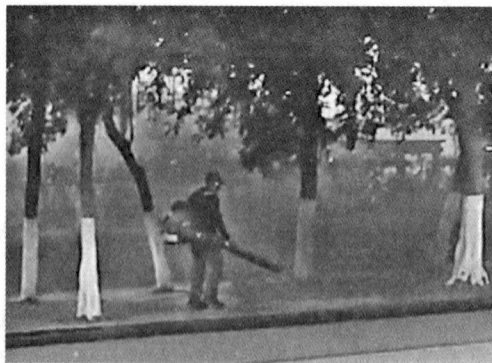

图22-2　清洁工在清扫路面

我们经常见到，用吹尘机或吹风机清扫灰尘和垃圾的尘土飞扬场面。

据说，1901年，有一个叫赫伯·布斯的英国人准备乘火车回家，在火车站被一件事吸引住了，一名清洁工人正在用除尘器把灰尘吹进布袋，地面是干净了，可扬起的灰尘落在乘客身上，呛得人们透不过气来。布斯认为这种除尘方法不高明。后来，他反其道而行之，用吸尘法来吸灰尘，布斯做了简单的试验：将一块手帕蒙在椅子扶手上，用口对着手帕吸气，结果手帕附上了一层灰尘。于时，他制成了吸尘器，用强力电泵把空气吸入软管，通过布袋将灰尘过滤。1901 年 8 月布斯取得专利，成立了真空吸尘公司。

从吹尘机到吸尘器，一个是出风一个是进风，这是反转型逆向思维的结果。

案例 3：国际凤凰时装店

某时装店的一名员工在熨烫一条高档的裙子时，不小心把裙子熨了一个洞，这条裙子的身价一落千丈，如果用缝补法或织补法补救，只能是蒙混过关，欺骗顾客。后来，这个员工突发奇想，干脆在破洞周围再挖一些小洞，并精心修饰，将其命名为"凤尾裙"，作为一款新品推出，出乎意料的是一下子销路顿开，时装店也因此出名，后来这个时装店就注册了"国际凤凰时装店"。

这就是缺点型逆向思维，变不利为有利，变被动为主动的例子。

案例 4：汤包的窍门

汤包是一种中华美食产品，如图 22 - 3 所示，皮薄筋软、肉嫩鲜香，外形玲珑剔透、里面汤汁醇正浓郁、入口油而不腻，深受众人的喜爱。有一大，一位客人一边吃着扬州汤包，一边好奇地问道："我很纳闷这种汤包的汤汁是怎么装进去的?"

"先做好空心包子，然后往里面灌上汤汁，再封口。"另一位客人猜测道。

图 22 - 3　汤包

"汤汁必须非常稠，要不然会影响汤包成型，"第三位客人说，"但是汤汁太稠不容易灌进包子里。通过加热是可以让汤汁稀一些以便灌入。"

实际上，做好包子再装汤汁是一件很麻烦的事，那么汤汁究竟是怎么装进去的呢?

一般地，向物体中灌水、灌汁是常见的思维和常见的方法，但向包子里灌汁似乎又很麻烦。如果换个思维方式，我们用逆向思维来考虑这个问题，先将汤汁降温，使其凝结成固态，再切成一块一块的汤汁，放入包子皮中做成包子，包子在高温蒸煮过程中汤汁就会融化成液体，美味可口的汤包就完成了。

案例 5：圆珠笔漏油问题

圆珠笔是人们日常学习、办公常用的工具，如图 22 - 4 所示，它是通过笔尖微小弹珠的旋转将油墨释放到纸上，使用起来很流畅便捷。但圆珠笔漏油问题一直是个难题，由于钢珠的磨损会造成油墨渗漏，因此，许多科学家、工程师、发明家都在考虑改善和强化钢珠的硬度和耐磨性。但

图 22 - 4　圆珠笔

由于条件、技术、材料等方面难以突破,所以,圆珠笔漏油曾困扰了人们很长时期,难道除了提高笔尖钢珠的硬度、耐磨性之外就没有别的办法了吗?

后来,日本一位发明家想出了一个与众不同的办法:既然是钢珠磨损后漏油,如果钢珠磨损后笔管中正好没有油墨了,不就不存在漏油的问题了吗? 于是,他买来大量圆珠笔,反复试验,找到了常用圆珠笔写多少字、用多少油开始漏油的规律,然后采用在笔管中定量灌油的方式解决了圆珠笔漏油问题。这就从着眼于解决笔尖钢珠的思维转换到不管笔尖钢珠情况而寻找钢珠与油墨之间关系的逆向思维。

逆向思维,在现实生活中的应用非常广泛,如电梯就是将人上楼时楼梯不动人走动的状况,变成人不动楼梯在运动的逆向思维产物;电刨就是将手工刨木头时木头不动刨子运动的状态,变成刨子不动木头运动的逆向思维产物。只要大家学会运用逆向思维,经常加强功能逆向、结构逆向、方向逆向、程序逆向、观念逆向、原理逆向等思维训练,就一定能做出新的发明创造。

思政联结

1. 习近平:争当改革实干家
2. 治国理政的创新思维方法论

☞ 扫码见全文
《争当改革实干家》

☞ 扫码见全文《治国
理政的创新思维方法论》

训练题

一、选择题

1. 司马光砸缸的行为属于(　　)。
   A. 横向思维　　　B. 纵向思维　　　C. 逆向思维　　　D. 发散思维
2. 下列不属于逆向思维的特征的是(　　)。
   A. 普遍性　　　B. 批判性　　　C. 新颖性　　　D. 逻辑性
3. 下列关于逆向思维的描述不正确的是(　　)。
   A. 逆向思维是破坏性思维　　　　B. 逆向思维是反向思维
   C. 逆向思维是创新性思维　　　　D. 逆向思维是普适性思维

二、简答题

在一般的工程技术发明中,往往从哪几个方面进行逆向思维?

三、案例分析题

某高原地区盛产一种苹果,气味清香纯正,味道清脆可口。但由于高原上经常下冰雹,所以会给苹果留下许多疤痕,这样的苹果卖相就不好,顾客一般都不闻不问,难以销售。后来有人出了一个主意,在装苹果的纸箱上面写一个醒目的标题和说明,顾客们买苹果时看见这个标题和文字都感到很好奇,于是打开纸箱尝一尝有疤痕的苹果,果然味道不错。后来,顾客把有疤痕的苹果作为高原苹果的标记,专门挑有疤痕的苹果,没有疤痕的反而不要,这种高原苹果从此也热销起来了。

1. 请你为这种苹果写一个标题及说明,标题简明扼要,文字说明在 150 字左右。

2. 在这个案例中,疤痕原来是缺点,后来却变成了优势,这是运用了什么思维方式,请详细分析。

维数变化原理

在 TRIZ 理论的 40 条创新原理中,第 17 条是维数变化原理。下面介绍维数变化原理的内容与应用。

维数变化原理就是将一个线性系统的方位由垂直变为水平、由水平变为倾斜、由水平变为垂直。它既包括维的变换,由点状变成线状,由线状变成平面状,由平面状变成立体状,也包括维度的增减。

由于维数是用来描述空间的概念,所以这条原理多用于解决涉及空间的问题。

空间维数变化原理的几种类型:

维数变化原理之一:将物体从一维变到二维或三维的空间。

就是把物体从线状变成平面状,这是从一维变到二维结构;从平面状变成立体状,这是从二维变到三维结构。

图 23 - 1　螺旋式楼梯

案例 1:旋转楼梯

楼梯,在多层民用或工业建筑中是常见的也是非常重要的建筑结构,它是人们上下楼层的主要通道。楼梯按梯段可分为:单跑楼梯、双跑楼梯和多跑楼梯。楼梯给人们带来通行方便的同时,也存在一个问题,那就是往往占据了大量的空间,特别是在现代家庭、别墅中,房屋总的空间面积非常有限也非常珍贵,所以,人们都希望楼梯能尽可能少地占据空间。根据空间维数变化原理,在多层建筑中安装旋转楼梯,如图 23 - 1 所示,这样既美观新颖,又节省空间。

另外,在道路、桥梁建筑中,空间维数变化原理的运用也非常普遍,如上海南浦大桥西侧的旋转式车道,如图 23 - 2 所示,就是从维度上发生了改变,大大降低了占地面积。

图 23-2　上海南浦大桥西侧螺旋式车道

维数变化原理之二：将物体用多层结构代替单层结构。

单层结构一般都是平面状，多层结构就是立体状结构，由单层结构变成多层结构，就是从平面向立体空间发展。

案例 2：立体车库

随着汽车工业的发展和人们生活水平的提升，购买汽车的人越来越多，特别是在大中城市，汽车拥有量与日俱增，由此导致地面停车出现诸多难题，路难行、车难停，已成为许多城市的通病，如何解决这个问题呢？

一般地，公共停车场都是地面停车场，是单层平面结构，地面有限导致停车位不够用。根据空间维数变化原理，可以建造立体车库，将平面结构变成空间多层结构，如图 23-3、图 23-4 所示，车库占地面积大大减少，车位数量成倍增加。

图 23-3　电梯式立体车库

图 23-4　升降横移式立体车库

维数变化原理之三：使物体倾斜或侧向放置。

相对于水平或垂直状态，将物体调整到倾斜或侧向位置，在结构、功能上会产生较大变化。

案例3：自卸货车

图 23-5 自卸式货车

货车，是社会生产和人民生活中常用的运输工具。我们知道，一般货车的车厢是水平的、固定的，在装运货物时，往往需要耗费大量的人力、物力和时间来装货或卸货。例如，要把一车沙子从车厢卸下来，也不是一件简单的事。是否有更加简便快捷的方式呢？根据空间维数变化原理，通过改变车厢的倾斜程度，让沙子倾倒出来，起到自动卸货功能。于是，人们发明了自卸式货车，如图 23-5 所示，在液压泵、举升液压缸的作用下，自动卸货，大大提高了生产效率。

维数变化原理之四：利用给定表面的反面。

对一个物体表面的反面再开发、再利用，也是维数变化的方式之一，往往会产生意想不到的效果。

案例4：双面集成电路板

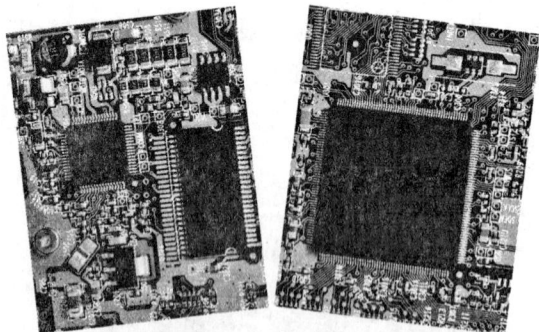

图 23-6 双面集成电路板

集成电路板是在一小块单晶硅片上采用半导体制作工艺，制作出许多晶体管、电阻器、电容器等元器件及布线，连成一个完整的电子电路的微型电子器件或部件。集成电路板在电视机、音响、电脑、通信设备、遥控、雷达、芯片等诸多电子产品中广泛使用。

随着高科技的发展，人们希望越来越多的电子产品性能高、功能强、体积小、重量轻，这就需要其中的电路板也要向轻、薄、短、小方向发展。那么，如何在一小块单晶硅片上集聚大量的元器件呢？可见，单面电路板难以满足需求，就需要利用电路板的反面，制作双面集成电路板，如图 23-6 所示，集成更多的元器件，满足更复杂的电路需求。

另外，在生活中，我们的衣服一般都有正面和反面，大家穿衣服的时候都是正面朝外，如果反面朝外，会被别人笑话。这样，要想换个颜色就需要去多买一件衣服。如果充分利用衣服的反面，就可以制作出两面能穿的衣服，现在市场上已有女士两面穿羽绒服，如图23-7所示，男士两面穿休闲夹克，如图23-8所示。

可见，维数与维度的变化，可以产生新的创意和产品。

图 23-7　女士两面穿羽绒服

图 23-8　男士两面穿休闲夹克

思政联结

1. 以多维视角透视习近平总书记治国理政思想
2. 多维解析"百年未有之大变局"
3. "新时代"内涵的多维解读
4. 习近平总书记治国理政思想的三个重要维度
5. 五个维度解读习近平总书记传统文化观
6. 习近平总书记用六个维度点透中非命运共同体

☞ 扫码见全文《以多维视角透视习近平总书记治国理政思想》

☞ 扫码见全文《多维解析"百年未有之大变局"》

☞ 扫码见全文《"新时代"内涵的多维解读》

☞ 扫码见全文《治国理政思想的三个重要维度》

☞ 扫码见全文《五个维度解读习近平总书记传统文化观》

☞ 扫码见全文《六个维度点透中非命运共同体》

训练题

一、选择题

1. 螺旋梯可以减少所占用的房屋面积,这符合的发明原理是（ ）。
   A. 非对称性　　B. 一维变多维　　　C. 紧急行动　　　　D. 非对称原理

2. 房屋建造由单层平房变为多层楼房,这运用的发明原理是（ ）。
   A. 嵌套原理　　B. 组合原理　　　C. 机械振动原理　　D. 维数变化原理

3. 为解决城市停车难问题,许多城市开始建造立体车库,这符合的发明原理是（ ）。
   A. 机械振动原理 B. 抽取原理　　　C. 维数变化原理　　D. 嵌套原理

4. 双面绣是中国优秀的民族传统工艺,是刺绣工艺的创新,它符合的发明原理是（ ）。
   A. 组合原理　　B. 嵌套原理　　　C. 多用性原理　　　D. 维数变化原理

二、案例分析题

维数变化原理在现实生活中有许多应用,请你选择一个典型的事例来分析维数变化原理的应用价值和创新之处。

第二十四节

机械振动原理

TRIZ 理论的 40 条创新原理中，第 18 条是机械振动原理。下面介绍机械振动原理的内容与应用。

振动，是物体运动的一种形式，机械振动是指物体在其平衡位置附近做有规律的往复运动。

机械振动原理主要体现在以下几个方面：

机械振动原理之一：让物体处于振动状态。

案例 1：振动夯实机

在建筑、道路、桥梁的建造过程中，我们需要把地基、横梁、立柱、路面等关键部位夯实，增加其承载力。所以，我们经常见到建筑工人使用振动夯实机，如图 24 - 1 所示，它们在工作过程中处于振动状态，依靠自重和振动力迫使被压材料做振动，急剧减小材料颗粒间的内摩擦力，达到压实材料的目的。

类似地，人们在修建道路的时候，也经常使用振动压路机来碾压路面，如图 24 - 2 所示，这也是振动原理的应用。

图 24 - 1　振动夯实机　　　　图 24 - 2　振动压路机

机械振动原理之二：对有振动的物体，增加振动的频率。

案例 2：振动筛分给料机

在冶金、选矿、建材、化工、煤炭、磨料等行业的破碎、筛分联合设备中，为剔除天然的细料,为下道工序传送和筛分物料,经常使用一种振动筛分给料机,如图 24-3 所示,它在激振装置的振动作用下发挥振动和筛分作用,起到筛分选料与传送喂料功能。

图 24-3 振动筛分给料机

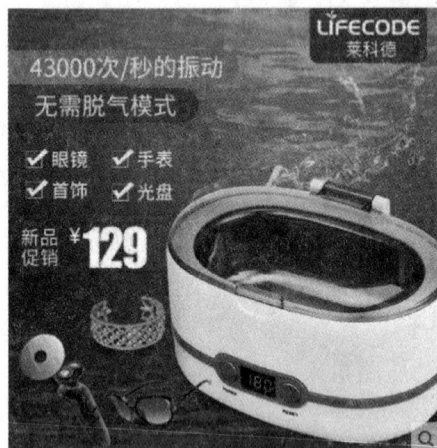

图 24-4 莱科德超声波清洗机

案例 3:超声波清洗机

天猫超市有一款"莱科德超声波清洗机",如图 24-4 所示,可用于眼镜、首饰、手表等物品的清洗,超声波清洗机就是通过将功率超声频源的声能转换成机械振动,通过清洗槽壁将超声波辐射到槽中的清洗液,使槽内液体中的微气泡在声波的作用下保持振动,破坏污物与清洗件表面的吸附,引起污物层的破坏而被驳离。

机械振动原理之三:使用物体的共振频率。

案例 4:超声波碎石

在临床医学中,用超声波共振来粉碎胆结石或肾结石,如图 24-5 所示。超声波碎石,就是让患者躺在一张特殊的床上,利用电能转变成声波,声波在超声转换器内产生机械振动,通过超声电极传递到超声探杆上,使其顶端发生纵向振动,当与坚硬的结石接触时产生碎石效应,而对柔软组织不造成损伤。

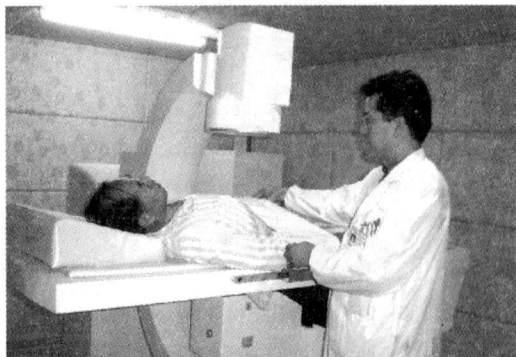

图 24-5 超声波碎石

思政联结

习近平：一定要把我国制造业搞上去

训练题

☞ 扫码见全文《一定要把我国制造业搞上去》

一、选择题

1. 下列原理中指使一个物体或者系统产生振动的是（　　）。
   - A. 分割原理
   - B. 嵌套原理
   - C. 机械振动原理
   - D. 空间维数变化原理

2. 现在许多眼镜店经常使用超声波仪器为客户提供免费清洗眼镜服务，这里超声波洗涤体现的创新原理是（　　）。
   - A. 局部质量原理
   - B. 抽取原理
   - C. 物理化学状态的变化
   - D. 机械系统的替代

3. 如果一个系统的振动存在，进一步提高它的振动频率是（　　）原理的具体措施。
   - A. 分割
   - B. 维数变化
   - C. 机械振动
   - D. 局部质量

二、简答题

在 40 个发明原理中，"机械振动原理"通常体现在哪些方面？

第二十五节

自服务原理

TRIZ 理论的 40 条创新原理中,第 25 条是自服务原理。下面介绍自服务原理的内容与应用。

自服务原理是指技术系统在执行主要功能的过程中,同时以协作或并行的方式执行相关辅助功能。这样,系统在实施辅助或维修操作时,能够自我服务,具有自补充、自恢复功能,不需要借助外界或其他系统来完成。

在运用自服务原理过程中,我们首先要识别和区分技术系统的主要功能、辅助功能和附加功能,然后再考虑辅助功能或附加功能与主要功能由某一组件单独执行的可行性。

自服务原理之一:物体在执行辅助和修理操作时能自我服务。

一个系统在运行过程中,如果要进行辅助和维护操作,不需要借助于外部系统,而是由自身辅助系统完成,这样就能够降低时间、材料、能耗等成本。

案例 1:自动抽水马桶

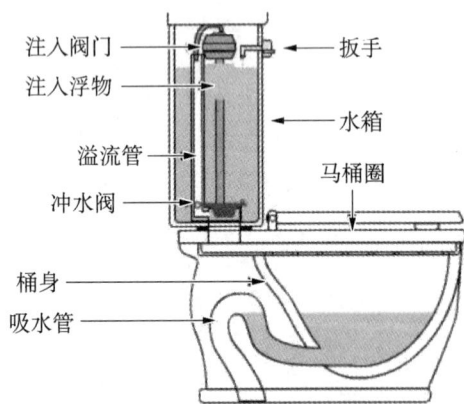

注入阀门
注入浮物
溢流管
冲水阀
桶身
吸水管
扳手
水箱
马桶圈

图 25-1 自动抽水马桶

抽水马桶是日常生活中必需的物品。现在的自动抽水马桶就是通过水箱里的上水阀来自动控制进水,其结构如图 25-1 所示,马桶水箱里有一个浮球,随着水箱里水位的升高,浮球的浮力越来越大,当水位升高到一定程度时,浮球产生的浮力会通过一种跷跷板的结构传到开关,开关关闭,进水阀停止进水。当放水时,按钮或者扳手牵动放水塞,将塞子打开。水放完后,塞子在弹簧的作用下自动回位,进入下一轮注水循环。这样,自动抽水马桶就能实现自服务功能。

案例 2:自动饮水机

饮水机,是将桶装纯净水或矿泉水升温或降温后方便人们使用的饮水装置,它通过内部制冷、制热系统以及净化、消毒系统来实现制备冷、热水功能,如图 25-2 所示,具有安全、快捷、健康的特点,在家庭、学校、工厂、医院、商场等诸多场所普遍使用。

人们在使用饮水机的过程中会发现,当我们取走一杯热水后,不需要我们人为地给饮水机补充冷水,而是饮水机自动完成补水工作。这给人们使用带来了极大方便,饮水机为什么能自动补水? 这就是设计者运用了自服务原理,在饮水机内部设计安装了自服务系统,饮水机内部有浮球和阀门,当我们打开开水开关,接走热水时,热胆中的水位下降,控水槽中的冷水就流向热胆,此时控水槽中的水位下降,引起浮球下沉,打开阀门,矿泉水桶里的冷水就会自动流向控水槽,当热胆中的水加满以后,控水槽里的水自动停止向热胆加水,随着控水槽的水面上升,浮球上升,推动阀门关闭水桶的

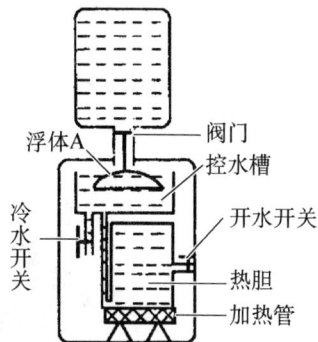

图 25-2　饮水机自服务系统

注水口,由此保证热胆中始终有水。而且当热胆中的水温下降或加热到一定程度,温控器就会自动控制加热管加热或停止加热,从而保证热胆中始终有热水。

自服务原理之二:利用废弃的或无用的材料和能源。

自服务原理强调系统尽量减少对外部环境或其他系统的依赖,充分利用系统自身废弃的材料、能量和物质来完成自服务。

案例3:冬天用汽车发动机的余热来取暖

汽车是现代生活中非常普及的交通工具。夏天乘车,大家经常打开冷空调,产生冷气;冬天乘坐,大家也可以打开热空调,产生热气。但有时你会发现,驾驶员并没有打开热空调,汽车里也有了暖风,那么大家知道这暖风是从哪儿来的吗?

其实,汽车的空调系统一般包括四个部分:制冷装置、加热装置、空气调节装置和控制装置。制冷装置就是我们通常所说的空调,加热装置就是我们常说的暖风,它们都是汽车空调系统的组成部分。现在的汽车大多使用整体式空调器,也就是产生冷气的空调蒸发箱和产生热气的暖风水箱都安装在同一个箱体内,相互之间用风门隔开,共用一套空气调节装置和控制装置。

汽车空调系统加热装置一般有三种方式:余热式取暖系统、独立热源式取暖系统和综合式取暖系统。这里,我们重点分析余热式取暖系统。一般的小轿车、卡车和中小型客车,车厢容积相对较小,对热量需求的强度也较小,因此,使用余热式取暖系统是一种常见的选择。利用发动机的余热取暖又可以分为两种方式:一是利用发动机冷却液的热量进行取暖的水暖式,另一种是利用发动机排气系统的热量进行取暖的气暖式。

现在多数轿车使用的是水暖式取热,水暖式暖风系统的工作原理是:以水冷式发动机冷却系统中的冷却液为热源,如图 25-3 所示,当发动机运转时,水泵带动冷却液在发动机中循环,将冷却液引入车厢内的热交换器中,使鼓风机送来的车厢内空气(内循环)或外部空气(外循环)与热交换器中冷却液的热量进行交换,鼓风机将加热后的空气送入车厢内,从而使车厢获得热风。

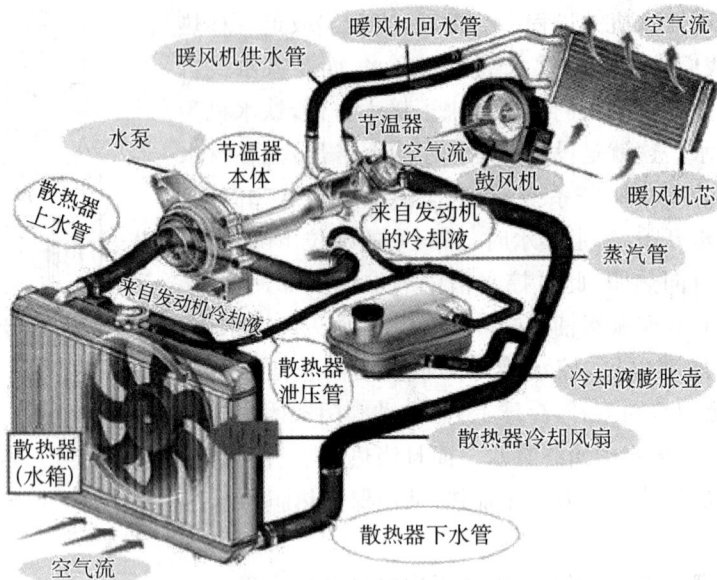

图 25-3 水暖式暖风系统冷却水循环路径

思政联结

1. 习近平：我的工作是为人民服务，很累，但很愉快
2. 习近平：自觉为人民服务为人民造福 努力做出无愧于时代的业绩

☞ 扫码见全文
《我的工作是为人民服务》

☞ 扫码见全文《自觉
为人民服务为人民造福》

训练题

一、选择题

1. 利用废弃的材料、能量与物质是（　　　）原理的具体措施。
   A. 反馈　　　　　B. 多用性　　　　　C. 自服务　　　　　D. 局部质量
2. 下列不能体现自服务原理的事例是（　　　）。
   A. 高楼消防自动洒水系统　　　　　B. 把动物废料当作肥料
   C. 稻谷收割后稻草还田　　　　　　D. 汽车空挡滑行

3. 下列体现了自服务原理的应用的事例是(　　　)。

    A. 铁路铺设过程中边铺边通行　　　B. 冬天打开汽车热空调取暖

    C. 用水泵给蓄水池供水　　　　　　D. 用双面玻璃擦窗器擦窗户

4. 在 TRIZ 发明原理中,汽车使用有修复缸体磨损作用的特种润滑油,体现了(　　　)。

    A. 局部质量原理　B. 嵌套原理　　　C. 机械振动原理　　D. 自服务原理

二、案例分析题

1. 不倒翁是一种古老的儿童玩具,它在摇摆过程中始终能自我调整而不倾倒,请你用所学过的创新发明理论来解释这个现象。

2. 现在很多城市的路灯采用了太阳能路灯系统,不需要专门供电,就可以保障城市夜晚或阴雨天气的道路照明,请你用所学过的原理来解释这个创新发明。

第二十六节

状态和参数变化原理

TRIZ 理论的 40 条创新原理中,第 35 条是状态和参数变化原理。下面介绍状态和参数变化原理的内容与应用。

状态和参数变化是指物理或化学参数的改变。具体包括以下几种情况:

状态和参数变化原理之一:改变物体的系统状态。

在自然界,物质通常有三种存在状态:固态、液态和气态。物质的不同状态各有不同的特征,如固体有一定的体积和形状;液体没有固定形态,但具有良好的流动性;气体容易被压缩,且流动性很强等。

在现实生活中,往往通过改变物体的状态,来满足不同的需要,解决具体问题。

案例 1:干冰清洗

干冰,又叫固体二氧化碳。把气态二氧化碳变成固态二氧化碳就产生了一种新的产品,而且干冰比气态或液态时更易于储存和使用。1925 年美国成立了干冰股份有限公司,开始大量生产干冰。1928 年,日本从美国干冰股份有限公司得到了制造销售权,还成立了日本干冰株式会社。

干冰主要运用于干冰清洗,干冰清洗又叫作冷喷,它是以压缩空气为动力和载体,通过专用的喷射清洗机,把干冰颗粒喷射到被清洗物体的表面,利用高速运动的干冰颗粒的动量变化以及升华与熔化等能量转换,使被清洗物体表面的污垢、油污和残留杂质迅速冷冻,从而凝结、脆化和剥离,同时随气流被清除。干冰清洗不会对被清洗物体的表面,特别是金属表面造成任何伤害,也不会影响金属表面的光洁度,所以在模具、石油、化工、电力、食品、制药、汽车、船舶、电子、核工业、美容等诸多领域有着广泛的应用。

状态和参数变化原理之二:改变物体的浓度或者密度。

通过改变单位体积所含溶质的量来改变液体的浓度,或者通过改变单位体积内物质的质量来改变物体的密度,从而产生不同的产品,实现不同的需要。

案例 2:压缩饼干

压缩饼干,是我们常见的一种食品,如京东商城就有一款叫"冠生园压缩饼干",如图

26-1 所示。

压缩饼干就是以小麦粉、糖、油脂、乳制品为主要原料,经过调粉、烘烤、冷却、粉碎、外拌,再压缩而成的饼干。这一压缩过程就改变了饼干的密度,使得饼干质地比较紧密,含水量降低,饼干中有效成分在相同体积下含量更多,所以食用起来清脆爽口、更加耐饿,深受人们欢迎。

状态和参数变化原理之三:改变物体的温度或者体积。

在现实生活中,温度和体积是两个常见的物理量,温度是表示物体冷热程度的物理量,体积是指物体所占空间大小的量,不同环境下,不同物体可能有不同的温度或体积。但一些特殊环境或物体对温度或体积有特殊的要求,如何适应温度或体积的要求,需要不断改变和创新。

图 26-1 肉蓉味冠生园
压缩饼干

案例 3:空调

据说,1901 年夏天,美国纽约地区空气湿热,纽约市萨克特·威廉斯印刷出版公司由于湿热空气导致印刷的油墨老是不干,纸张因温热伸缩不定,印出来的东西模模糊糊,生产受到很大影响。为此,印刷出版公司找到了美国一家制造供暖系统的布法罗锻冶公司寻求帮助。

公司把这个任务交给了一位名叫威利斯·开利的工人,开利 1876 年 11 月生于纽约,24 岁在美国康奈尔大学毕业后供职于布法罗锻冶公司,担任机械工程师。开利接到任务后,通过钻研,设计了一个方案:充满蒸汽的管道可以使周围的空气变暖,那么将蒸汽换成冷水,再让空气吹过水冷盘管,周围就变得凉爽了。空气中的水分冷凝成水珠,让水珠滴落,最后剩下的就是更冷、更干燥的空气。1902 年 7 月 17 日,开利为印刷厂安装了自己设计的设备,取得了良好的效果,这被视为空调诞生的标志,威利斯·开利也被后人称为“空调之父”。

思政联结

1. 激发新状态 施展新作为——四论习近平总书记在省部级学习贯彻十八届五中全会精神专题研讨班重要讲话

2. 习近平总书记在中青班开班式上重要讲话系列解读——以进取的状态发扬斗争的担当精神和实践艺术

☞ 扫码见全文《激发
新状态　施展新作为》

☞ 扫码见全文《中青班
开班式上重要讲话》

训练题

一、选择题

1. 降低医学标本的温度来保存它们,以便今后研究所用。这是利用了 40 个发明原理中的(   )。
    A. 逆向思维原理 B. 参数变化原理   C. 分割分离   D. 抽取分离

2. 下列不符合 40 个发明原理中的参数变化原理的是(   )。
    A. 改变自行车的一些部件就变成了折叠自行车
    B. 降低温度到一定状态后,物体的保存时间会变长
    C. 自来水中加入过量的氯气就变成了消毒液
    D. 干冰放在常温下会直接变成气体 CO_2

3. 下列不符合 40 个发明原理中的状态变化原理的是(   )。
    A. 利用冰融化吸热来冷冻物品   B. 温度计利用汞的热胀冷缩来测量温度
    C. 减震器是利用弹簧伸缩来减震   D. 固态胶比液态胶水更易携带

二、案例分析题

日常生活中,人们经常用肥皂洗手,后来用洗手液洗手,现在又用免洗洗手液洗手,请你用状态和参数变化原理来分析肥皂、洗手液、免洗洗手液这种洗手物品更新换代的理由,并进一步设想,是否可以创造出不同于这三种物质的更新颖的洗手物品?

第二十七节

常用的发明创新方法

法国哲学家、数学家和科学家勒内·笛卡尔（Rene Descartes，1596—1650）曾说："人类历史上最有价值的知识是方法的知识。"法国数学家、天体力学家、数学物理学家、科学哲学家亨利·庞加莱（Jules Henri Poincaré，1854—1912）说："科学发明需要创造方法。"创新技法是发明创造活动中的规则、技巧和方法的总结，是创新思维、发明思路和实践方法的具体体现，也是一种程序化、规范化的思维活动形式和创意捕捉技巧，具有一定的实践性和可操作性。一个人只有掌握一种或几种发明创造的方法，才能在创新活动中产生灵感，出现顿悟，形成新颖、实用、科学的发明创造方案。自主创新，方法先行。自主创新是思维创新、方法创新和工具创新的总和，方法创新是自主创新的前提和基础、动力和源泉。前面我们学习了 TRIZ 的部分创新理论，这一节再学习几种常用的发明创新技法。

一、奥斯本检核表法

1. 创始人简介

亚历克斯·奥斯本（A.F. Osborn，1888—1966）是美国著名的创意思维大师、创造学和创造工程之父、头脑风暴法发明人、美国 BBDO 广告公司创始人。1941 年他出版《思考的方法》，提出世界上第一个创新发明技法"智力激励法"，同年出版《创造性想象》，这是世界上第一部创新学专著，并提出奥斯本检核表法。

2. 概念界定

奥斯本检核表法，是以发明者奥斯本命名的、用来引导人们在创造发明过程中对照九大类问题进行思考，以便启迪思维，拓展思路，促进人们产生新设想、新产品和新方案的创造技法。

3. 应用过程

奥斯本检核表涉及九大类 75 个问题，启发人们从正向、逆向、侧向以及合向等不同角度来提出问题和思考问题。正如爱因斯坦所说："提出一个问题往往比解决一个问题更重要。"奥斯本也说："人类从问号中得到的启示比从句号中得到的多得多。"但提出一个新的问题更需要新的视角和创造性的想象力，奥斯本检核表就是探寻问题和设想的重要工具，其应用过程可以分成三个步骤：

第一步:明确问题。明确创新对象及其需要解决的主要问题。

第二步:检核讨论。根据需要解决的问题,参照检核表列出的问题,运用丰富的想象力,从不同的角度逐个进行审核、讨论和研究,写出新的设想。

奥斯本检核表的九大类问题是:能否他用、能否借用、能否扩大、能否缩小、能否改变、能否代用、能否调整、能否颠倒、能否组合。每一大类问题又可分为若干个具体问题,九大类 75 个问题见表 27-1。

表 27-1 奥斯本检核表九大类 75 个问题

序号	检核项目	含义	检核内容
1	能否他用	现有事物除了大家公认的功能之外,是否还有其他用途?	1. 有无新的用途? 2. 是否有新的使用方法? 3. 可否改变现有的使用方法?
2	能否借用	能否引入其他的创造性设想;能否模仿别的东西;能否从其他领域/产品、方案中引入新的元素、材料、造型、原理、工艺、思路?	4. 有无类似的东西? 5. 利用类比能否产生新观念? 6. 过去有无类似的问题? 7. 可否模仿? 8. 能否超过?
3	能否扩大	现有事物能否扩大适用范围;能否增加使用功能,能否增加零部件;能否延长它的使用寿命,增加长度、厚度、强度、频率、速度、数量、价值?	9. 可否增加些什么? 10. 可否附加些什么? 11. 可否增加使用时间? 12. 可否增加频率? 13. 可否增加尺寸? 14. 可否增加强度? 15. 可否提高性能? 16. 可否增加新成分? 17. 可否加倍? 18. 可否扩大若干倍? 19. 可否放大? 20. 可否夸大?
4	能否缩小	现有事物能否体积变小、长度变短、重量变轻、厚度变薄以及拆分或省略某些部分;能否浓缩化、省力化、方便化、短路化?	21. 可否减少些什么? 22. 可否密集? 23. 可否压缩? 24. 可否浓缩? 25. 可否聚合? 26. 可否微型化? 27. 可否缩短? 28. 可否变窄? 29. 可否去掉? 30. 可否分割? 31. 可否减轻? 32. 可否变成流线型?

续 表

序号	检核项目	含义	检核内容
5	能否改变	现有事物能否做些改变？如颜色、声音、味道、式样、花色、音响、品种、意义、制造方法；改变后效果如何？	33. 可否改变功能？ 34. 可否改变颜色？ 35. 可否改变形状？ 36. 可否改变运动？ 37. 可否改变气味？ 38. 可否改变音响？ 39. 可否改变外形？ 40. 是否还有其他改变的可能性？
6	能否代用	现有事物能否用其他材料、元件、结构、力、方法、声音、符合等代替？	41. 可否代替？ 42. 用什么代替？ 43. 还有什么别的排列？ 44. 还有什么别的成分？ 45. 还有什么别的材料？ 46. 还有什么别的过程？ 47. 还有什么别的能源？ 48. 还有什么别的颜色？ 49. 还有什么别的音响？ 50. 还有什么别的照明？
7	能否调整	现有事物能否变换排列顺序、位置、时间、速度、计划、型号；内部元件可否交换？	51. 可否交换？ 52. 有无可互换的成分？ 53. 可否变换模式？ 54. 可否变换布置顺序？ 55. 可否变换操作工序？ 56. 可否变换因果关系？ 57. 可否变换速度或频率？ 58. 可否变换工作规范？
8	能否颠倒	现有事物能否从里外、上下、左右、前后、横竖、主次、正负、因果等相反角度颠倒过来用？	59. 可否颠倒？ 60. 是否颠倒正负？ 61. 可否颠倒正反？ 62. 可否头尾颠倒？ 63. 可否上下颠倒？ 64. 可否颠倒位置？ 65. 可否颠倒作用？
9	能否组合	现有事物能否进行原理组合、材料组合、部件组合、形状组合、功能组合、目的组合？	66. 可否重新组合？ 67. 可否尝试混合？ 68. 可否尝试合成？ 69. 可否尝试配合？ 70. 可否尝试协调？ 71. 可否尝试配套？ 72. 可否把物体组合？ 73. 可否把目的组合？ 74. 可否把特性组合？ 75. 可否把概念组合？

第三步:筛选评估。对新设想进行筛选,将最有价值、最有创新性的设想筛选出来。

案例1:手电筒的检核

案例分析:

第一步:明确问题——手电筒的改进和创新。

第二步:检核讨论——运用奥斯本检核表,从九大类 75 个问题对手电筒逐一进行检核,并提出创造性设想,见表 27 - 2。

表 27 - 2　手电筒的检核表

序号	检核项目	创造性设想
1	能否他用	信号灯、装饰灯、探照灯; 微型取暖器; 车载手电筒; 玩具手电筒; 可做充电宝的手电筒
2	能否借用	利用变焦原理,制造变焦手电筒; 加大反光罩,增加灯泡的亮度
3	能否扩大	延长寿命; 超长待时; 两端照明手电筒; 多个电珠手电筒; 防水手电筒
4	能否缩小	缩小体积; 缩小电池
5	能否改变	改灯罩; 改小电珠; 改成塑料/铝合金外壳; 改用彩色电珠
6	能否代用	用发光二极管代替小电珠; 可充电手电筒
7	能否调整	换型号; 两节电池直排、横排,改变样式;
8	能否颠倒	用磁电机发电的手电筒; 可充电的手电筒
9	能否组合	带手电的收音机; 带手电的手机; 带安全锤的手电筒

第三步:筛选评估——在上述诸多创造性设想中,可以根据使用对象、应用场景等因

素筛选出有价值的设想,比如将可充电、铝合金外壳、超长待时、带安全锤、车载使用等设想综合起来,就可以设计出一款车载多功能手电筒。

在运用奥斯本检核表法的过程中,要特别注意的是:不遗漏,联系实际逐条核检;多检核,争取多核检几遍,或许有新的想法;多创新,检核时尽可能发挥想象力和联想力,产生更多的创造性设想;多合作,根据需要,多人合作,集体核检更有希望产生新的创意。

二、十二聪明法

1. 技法的由来

十二聪明法,又叫和田创新十二法,是由我国创造学者许立言、张福奎借用奥斯本检核表法的基本原理,结合我国的创造发明和上海和田路小学的试验情况,总结提炼出的一种创新技法。

2. 技法的内容

十二聪明法,是一种思路提示法,共有十二个词 36 个字,引导人们进行思维拓展和发明创造。这十二个词分别是:加一加,减一减,扩一扩,缩一缩,变一变,改一改,联一联,学一学,代一代,搬一搬,反一反,定一定。十二聪明法的主要内容见表 27-3。

表 27-3　十二聪明法主要内容

序号	方法	具体内容
1	加一加	加高,加厚,加长,加重,加多,加速
2	减一减	减轻,减少,减速,减量,减时间,减次数
3	扩一扩	扩大,放大,扩充、提高功效
4	缩一缩	缩小,压缩,微型化
5	变一变	变形状,变颜色,变气味,变声音、变次序
6	改一改	改缺点,改不足,改不便,改不良
7	联一联	因果联结,与其他事物联结
8	学一学	学习先进技术原理,模仿形状、结构、方法
9	代一代	用别的材料代替,用别的方法代替
10	搬一搬	搬到别的环境或条件下移作他用
11	反一反	颠倒正反、上下、前后、左右、横竖、内外
12	定一定	定个界线,定个标准

3. 技法的应用

随着技术、环境、条件和需求的变化，我们可以对已有的产品或事物进行改良或革新、创造和发明，但如何能产生好的创意和新的思路，可以运用十二聪明法来开展工作。

加一加。可以考虑在现有产品上添加些什么？增加时间、次数、频率吗？增加长度、高度、厚度吗？增加速度、亮度、浓度吗？与其他什么东西组合在一起会有什么结果？如将物体振动频率增加到高于 20 000 Hz 就产生了超声波。

减一减。可以考虑在现有产品上减去些什么？可否减小体积，减轻重量，减少厚度，减少时间和次数，降低成分和浓度？可否省略某个环节，取消某个零件，合并某个功能？如普通食盐减少钠的含量就变成低钠盐；普通眼镜去掉镜框就演变成隐形眼镜；自行车去掉一个轮子就变成独轮车；长袖衫去掉一截衣袖就变成短袖衫；无线电话、无人售货、无人驾驶都是减一减的典型例子。

扩一扩。可以考虑把产品扩展、放大会怎样？可以扩大体积，扩充功能，放大功效吗？如普通雨伞扩大后变成遮阳伞；台式电扇一般是放在桌子上，把桌子扩展成底座就变成落地电扇。

缩一缩。可以考虑把产品缩小、压缩会怎样？如保温瓶缩小制成保温杯；电热壶缩小变成电热杯；普通饼干压缩成压缩饼干。

变一变。可以考虑改变形状、颜色、味道会怎样？改变关系、结构和次序，改变声音、图像和画面会怎么样？将绞肉机的刀片变成可更换不同形状的刀片，可以绞肉、榨汁、磨豆浆等多功能一体机；在普通红绿灯中增加"红""黄""绿"文字变成也能适合色盲患者使用的红绿灯。

改一改。主要考虑这个产品还存在什么缺点？还有什么不足之处需要改进？使用时还有什么不便或麻烦的地方？有没有解决这些问题的办法？如手摇电话改成按键式电话；眼镜玻璃镜片改成树脂镜片；两根线容易缠绕的耳机改成拉链式耳机；手机响铃模式改为振动模式。

联一联。主要考虑事物的结果与其起因有什么联系，能否找到解决问题的办法？把产品或事物与其他东西或事情联系起来，能否达到我们需要的目的？如把上衣与裙子联结起来便成了连衣裙。

学一学。主要考虑有什么东西可借鉴、可模仿？模仿它的形状、结构、功能会怎么样？学习它的原理、技术会有什么结果？利用蝙蝠飞行原理发明雷达。

代一代。主要考虑产品中有什么东西能被替代？用别的材料、零件或方法代替另一种材料、零件或方法行不行？如用塑料 PVC 管代替自来水铁管；一次性纸杯代替塑料杯、玻璃杯；用液压传动代替齿轮传动；机器人代替服务员；机器削面代替手工削面。

搬一搬。主要考虑把这件产品搬到其他的地方还能有别的用途吗？这个思路、方法或技术搬到别的地方还能用得上吗？如激光技术常用于金属打孔、焊接、切割，如果用于医疗上就变可制作激光碎石（结石）机等。

反一反。主要考虑把一个东西或一个事物的正反、上下、前后、左右、横竖或内外颠倒一下会有什么结果？把对称变为不对称会怎样？把电扇供电会吹风反过来变成风吹扇叶来发电,造成风力发电装置;电转换成磁做出电动机,反过来,磁转换成电就可造出发动机;暖水瓶装冷饮就变成冷藏瓶;吹尘器反过来做成吸尘器。

定一定。主要考虑解决某一问题、改进某个事物,提高学习工作效率,防止疏漏或事故的发生,还需要规定些什么? 为准确用药,在药水瓶上印上刻度;为了交通安全,规定行人过马路要走斑马线,汽车过路口要红灯停、绿灯行。

十二聪明法通俗易懂,好学好用,具有普及性和实用性,在生产、生活或工作过程中如果发现问题和矛盾,可用十二聪明法尝试寻找思路和方法、意见和建议、策略和创意。

案例 2:用十二聪明法对电视机进行创新设计

电视机是家喻户晓的普通家电,电视机也是不断在改进和完善,不断在创新和变化,针对电视机使用过程中的一些问题或需求,用十二聪明法对其进行创新设计,如表 27-4。

表 27-4　用十二聪明法对电视机的创新设计

序号	方法	创新设计
1	加一加	加上一个机顶盒就成为数字电视; 加上网络电视盒子就成为网络电视; 增加画中画变成多屏电视
2	减一减	减去底座,厚度减小就成为挂壁式电视; 去掉屏幕就变成无屏电视
3	扩一扩	屏幕扩大就成为大屏幕电视/电视墙;
4	缩一缩	体积缩小就成为袖珍电视
5	变一变	变接收信号为人机交互功能的智能电视
6	改一改	直屏改为曲屏变成曲屏电视; 安装移动机箱改成移动电视
7	联一联	与音响、投影机联结组成家庭影院; 与 3D 眼镜联合变成 3D 电视
8	学一学	引入网络技术和设备变成网络电视
9	代一代	用纳米材料制成轻薄型电视
10	搬一搬	搬到公交车上成为公交车电视
11	反一反	反画面电视
12	定一定	规定节能标准,成为节能电视

除了奥斯本检核表法、十二聪明法之外,常用的创新技法还有:智力激励法、联想法、类比法、列举法、移植法、综合法等多种方法,我们可以根据需要进一步学习和运用。

思政联结

1. 习近平的科学方法论
2. 习近平:坚持走群众路线——习近平谈"提高领导艺术,创新工作方法"(一)
3. 习近平:坚持正确方向创新方法手段 提高新闻舆论传播力引导力
4. 习近平:向科学要答案、要方法

☞ 扫码见全文
《习近平的科学方法论》

☞ 扫码见全文
《坚持走群众路线》

☞ 扫码见全文《坚持
正确方向创新方法手段》

☞ 扫码见全文
《向科学要答案要方法》

训练题

1. 请列举出你家中保温瓶的 5 个缺点,并提出改进的办法。
2. 请列举出你家中电灯开关的 5 个缺点,并提出改进的办法。
3. 用奥斯本检核表法对家用普通水龙头进行创新设计。
4. 用十二聪明法对共享单车进行创新设计。
5. 现在经常听说高速公路发生恶性交通事故,请你用创新的办法来减少高速公路车祸的发生。(提示:可以从汽车、公路、管理等各个方面进行大胆的设计和创新)

第四章

创新实践与案例分析

第二十八节

产品创新及案例分析

产品是指生产出来的物品,物品是指人以外的具体物件或东西。人们通过产品的生产来满足人类社会的各种需求已成为社会发展的主要活动。千百年来,人类社会从物品的极度稀缺走向了物品的极大丰富,这个过程正是由于人类生产物品能力的不断提高、生产物品种类的不断增加而产生的;也正是由于人们对产品的认识和思考不断深化、对产品的开发与创新不断加强而形成的。可以说,产品创新是企业生存的法宝,是经济发展的动力;是亘古不变的活动,是永无止境的追求;是人类智慧的挑战,是创新思维的展现。

一、产品创新的类型

产品创新根据创新程度一般分为全新产品创新和改进产品创新。全新产品创新,也成为颠覆性产品创新,是产品用途及其原理发生显著性变化的创新。改进产品创新是在技术原理没有发生重大变化的情况下,对现有产品进行功能扩展或技术改进的创新。

全新产品创新的动力机制有需求拉引型和技术推进型。改进产品创新的动力机制一般是需求拉引型。需求拉引型源于市场需求或社会需求,当人们对某一产品的功能或技术不满足、不适应或产生新的需求欲望时,人们就会致力于改进产品或希望产品得到改进,于是就会产生新的构思,从设计角度、使用角度、生产制造角度提出不同的设想,当把这些设想通过技术层面、操作层面得以实现时,就产生了新的产品。在科技发展日新月异的今天,产品生命周期大大缩短,新经济时代的产品面临着更加严峻的挑战,只有及时创新产品、更新产品,才能满足市场日益旺盛的需求,才能维护企业生存发展,才能推动经济持续健康发展。

二、产品创新的策略

在产品创新过程中,不仅需要了解顾客的需要、市场的需求,还需要研究行业内现有产品和可替代产品,要依据不同的情况采取不同的创新策略。

1. 差异型策略

差异型产品创新主要是通过对现有产品进行一定程度的改变或改进来形成同类产品的差异,如大小的差异、高矮的差异、快慢的差异、厚薄的差异、曲直的差异、刚性与柔性的差异、材料的差异、形状的差异、颜色的差异、质量的差异等,这类产品虽然技术创新程度较低,但能够提高产品的性能、降低生产成本或突出产品的特色,有一定的市场和需求。

2. 组合型策略

组合型产品创新是通过对现有技术的组合来形成新的产品。组合型产品创新,可以以现有市场为目标,也可以以新兴市场为目标,来开展产品创新。

3. 技术型策略

技术型产品创新是通过应用新技术、新原理来解决现有产品中存在的问题而产生新产品。这类产品的创新主要是从提高产品的技术含量入手,通过技术改造、技术升级实现产品的功能提升。

4. 复合型策略

复合型产品创新是通过技术与市场两方面同时创新而产生的新产品。这类产品在现有市场或许是空白,但它能够填补市场空白,并能引导客户消费,具有较大的、潜在的市场价值。

三、产品创新的案例

> **案例:**电源插头插座的产生与创新

1. 电源插头插座的产生背景

随着电的发明和使用、电器的产生和普及,人们需要一系列的接插件才能方便使用电。在电源插头、插座产生之前,为了用电,人们只能把电线缠绕在电源端子上。但随着电器的大量出现,缠绕电线用电的方法显然已无法适应日常的需要,而且对大量非专业人员来说,用电安全问题是亟待需要解决的问题,这对电气连接提出了安全、方便、快捷的要求。正是在这种需求导向下,插头、插座产品应运而生。

2. 电源插头插座的标准化

电源插头插座诞生初期,式样五花八门,尺寸大小不一,不同城市、不同地区、不同国家生产的电源插头插座互不兼容,甲地的插头无法匹配乙地的插座。为了使插头插座具有一定的通用性,世界各国先后制定了自己的插头插座标准,我国也相继制定了《家用和类似用途插头插座第1部分:通用要求(GB/T 2099.1—2008)》《家用和类似用途单相插头插座型式、基本参数和尺寸(GB/T 1002—2008)》《家用和类似用途插头插座第2—7部分:延长线插座的特殊要求(GB/T 2099.7—2015)》等标准,对家用和类似用途插头插座产品的结构、尺寸、防触电保护、绝缘电阻、接地措施、电气强度、防潮、耐热、爬电距离等指标做了明确的规定或规范要求。这些强制性标准的颁布,统一了每个国家插头插座的型式和尺寸,从一定意义上也促进了插头插座和相关电器贸易的发展。

3. 电源插头插座的种类

到目前为止,全球有15种类型、成百上千个品种的电源插头插座在使用,不同国家和地区使用的电源插头插座类型也不完全相同,如国标插座是 Type I,三个扁头;美标插座是 Type B,一圆两扁;英标插座是 Type G,三个方头;欧标插座是 Type F,两个圆头;南非标插是 Type M,三个圆头,各国插头插座的类型见表 28−1。

表 28−1　不同国家和地区使用的插头插座类型

类型	示例	主要使用范围
Type A		美国、加拿大、日本、墨西哥等
Type B		美国、加拿大、日本、巴西、菲律宾、墨西哥等
Type C		欧洲、南美、亚洲
Type D		印度
Type E		法国、比利时、波兰、斯洛伐克、捷克
Type F		除了英国和爱尔兰,欧洲和俄罗斯其他地方
Type G		英国、爱尔兰、印度、马来西亚、新加坡等
Type H		以色列,约旦河西岸和加沙地带
Type I		中国、澳大利亚、新西兰和阿根廷
Type J		瑞士、列支敦士登

续　表

类型	示例	主要使用范围
Type K		丹麦、格陵兰
Type L		意大利、智利
Type M		南非
Type N		巴西、南非
Type O		泰国

　　在我国,诸多商场销售的插头插座也是琳琅满目,如图28-1所示,这些插座的品牌、款式、价格也千差万别。人们根据电源插头插座的不同特性和用途,还把它分为民用插座、工业用插座、防水插座、普通插座、电源插座、电脑插座、电话插座、视频音频插座、移动插座、USB插座等。

图 28-1　各种品牌的插头插座

4. 电源插座的改进与创新

　　电源插座也是在使用过程中不断改进和发展的,最初的产品只是为了满足简单的取电需要。在二十世纪50~70年代,电源插座普遍是清一色的黑色酚醛树脂产品为主。后来,随着人们生活水平的提高,对安全意识、美观意识、操作性要求不断增强,插座的形状、颜色、材料、工艺、标准都发生了极大的变化,一大批节能型、环保型、复合型、智能型开关插座不断推向市场,凸显出安全、舒适、美观、人性化和智能化的特征,也体现出电源插座的创新与发明思想。

(1) 公牛 GN‐A 系列插座

公牛 GN‐A 系列插座以长方形为主,棱角鲜明,整体为白色,插孔区为淡蓝色,与插座的白色形成鲜明对比,有效突出功能区,插座正面有明显的公牛商标,如图 28‐2 所示。

图 28‐2　公牛 GN‐A 系列插座　　图 28‐3　公牛 GN‐426k 型号插座

(2) 公牛 GN‐426k 型号插座

公牛 GN‐426k 型号插座形状为长方形,一头棱角分明,一头呈圆弧状。整体为白色,插孔区用湖蓝色材料区分,正面有公牛商标,此款产品还设计有橙色圆形开关和独立的指示灯,这是一个明显的改进与创新,如图 28‐3 所示。

(3) 公牛 GND‐2D 机械定时器插座

公牛 GND‐2D 机械定时器插座形状为长方形,一端棱角分明,一端呈圆弧状,整体为白色,插孔区呈圆形,十分鲜明,正面有公牛商标,并设计有 24 小时机械定时器,这是一个明显的改进与创新,如图 28‐4 所示。

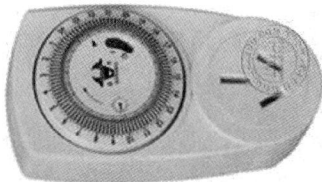

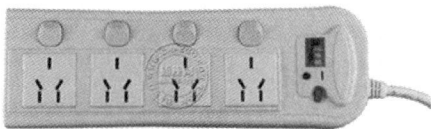

图 28‐4　公牛 GND‐2D 机械定时器插座　　图 28‐5　可来博 STY‐1‐44G 插座

(4) 可来博 STY‐1‐44G 插座

可来博 STY‐1‐44G 插座形状为长方形,以白色为主,单排插孔,插孔采用两向和三向合用模式,插孔功能区用浅突起与插座分割,正面有科莱博商标,顶部有橙色圆形总开关和独立指示灯,每个插孔还有配有一个独立开关,这是一个明显的改进与创新,如图 28‐5 所示。

(5) 贝尔金 F9H609zh2M 插座

贝尔金 F9H609zh2M 插座为长条形,以白色为主,一端为方形,另一端为纺锤形。端部有独立开关,色彩为黑色加红色,与插座区色彩对比鲜明,插孔采用两向和三向合用的模式,但这一款产品有双排插孔,能满足更多的需求,这也是一个明显的改进与创新,如图 28‐6 所示。

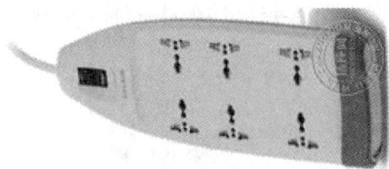

图 28-6　贝尔金 F9H609zh2M 插座

图 28-7　智能 USB 延长线插座

（6）戴利普智能 KB-U3010 智能 USB 延长线插座

戴利普 KB-U3010 智能 USB 延长线插座是带电源适配器的延长线插座,圆形外观设计,舒适流畅,白色外壳,简约时尚,高品质 PC 材料,手感温润。此产品设计有 4 个插位和 2 个 USB 接口,这是一个明显的改进与创新,如图 28-7 所示。

（7）欣朵 M1u311-GB WIFI 智能排插

欣朵 M1u311-GB 智能排插,形状为长方形,颜色为白色,是一款带有 USB 接口的智能排插,每个插孔都能独立分控,设计有无线 WIFI 手机远程遥控,小米、小爱、小度天猫精灵语音控制,插座带有总控开关,每个插孔还有独立定时开关和倒计时开关,此产品设计新颖,功能丰富,智能化程度高,是插座中的一款创新产品,如图 28-8 所示。

图 28-8　欣朵 WIFI 智能排插

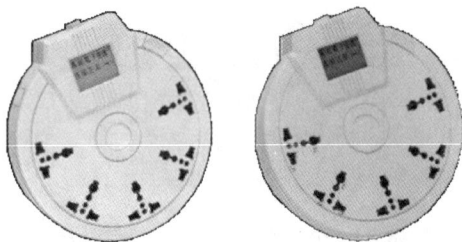

图 28-9　慈达移动式彩色系列插座

（8）慈达移动式彩色系列插座

慈达移动式彩色系列插座,形状为圆形,插孔围绕圆心等分排列,插孔采用多国标准插孔,顶部有液晶显示,这也是一个明显的改进与创新,如图 28-9 所示。

思政联结

1. 习近平以创新点燃改革引擎
2. 习近平重新定义中国制造
3. 习近平主席参观华为英国公司 肯定华为产品创新

☞ 扫码见全文
《以创新点燃改革引擎》

☞ 扫码见全文
《重新定义中国制造》

☞ 扫码见全文
《肯定华为产品创新》

训练题

一、多项选择题

1. 产品创新的类型有（　　）。
   A. 全新产品创新
   B. 产品形式创新
   C. 产品内容创新
   D. 改进产品创新

2. 产品创新的主要方式有（　　）。
   A. 产品生产线创新
   B. 产品结构创新
   C. 产品品种创新
   D. 产品定位创新

3. 产品创新的策略有（　　）。
   A. 差异型策略　　B. 组合型策略　　C. 技术型策略　　D. 复合型策略

4. 下列关于产品创新的叙述，正确的是（　　）。
   A. 产品创新是企业技术创新的核心内容
   B. 产品创新受制于技术创新的其他方面
   C. 产品创新能影响其他技术创新效果的发挥
   D. 产品创新往往要求企业利用新的机器设备和新的工艺方法

二、论述题

1. 请选择某个产品，采取列举问题的办法来探寻创新思路。

2. 请运用组合型策略对现有电源插座进行产品创新，写出你的创新方案。

3. 请选择某个产品，运用技术型策略对其进行创新，写出你的创新方案。

第二十九节

商业模式创新及案例分析

一、商业模式简介

1. 商业

商业,是一个古老而又年轻的行业。原始社会就出现了以物易物的交换行为,这就是商业的萌芽或雏形。随着社会的发展,剩余产品的增多,社会分工的增强,物物交换活动逐渐频繁,但物物交换的非便利性、时间和空间的限制性,有时需要多次交换才能满足需求过程的复杂性,使得这种最原始交换形式的弊端也日益凸显。在这种情况下,一般等价物应运而生,它从商品中分离出来,成为人们共同认可的一种具有普遍交换价值的实物,可以随时随地换取自己需要的产品,很大程度上解决了物物交换过程中时间和空间的制约性问题,推动了物物交换的发展,成为当时人们交易的一种主要形式。

到先秦时期,夏代的商国人开始有了经商行为,他们开始把海贝、骨贝、石贝、玉贝和铜贝等贝类物品作为货币,进行商品交易。到了西周,商业成了不可缺少的社会经济部门。秦始皇统一中国后,为了改变以往货币种类繁多,度(长、短)量(容、积)衡(轻、重)不一的现状,决定把原来秦国流通的圆形方孔钱作为全国流通的标准货币。随着货币的统一,农业、畜牧业、手工业的发展,商业也出现了初步的发展。当时的长安、洛阳、成都等大城市都变成了著名的商业中心。两汉时期,又开通了陆上和海上丝绸之路,中外贸易逐渐发展起来。隋唐时期,除黄河流域的长安、洛阳外,隋唐大运河沿岸的宋州、扬州都是当时的商业大都市,东南沿海的越州、洪州也成为繁荣的商业城市。到两宋时期,农业、手工业高度发展,国内贸易、边境贸易、对外贸易都很繁华,商业空前繁荣。在北宋时,金属货币虽然在市场上广泛使用,但四川益州富商开始发行纸币"交子",这是世界上最早的纸币。后来,官府在益州设立了交子务,专门印制和发行交子。到南宋时,纸币发行量大大增加,使用地区也更加广泛。纸币的发行和使用为商业活动带来了极大的便利,有利促进了商业的进一步繁荣。

可见,商业是商品的收购、调运、储存和销售活动,是把产品从生产领域转移到消费领域的经营活动,是联结生产者和消费者、工业和农业、城市和乡村、地区和地区之间的经济纽带和桥梁。商业已成为社会组织结构中专门从事商品买卖活动的经济部门,包括国内贸易和对外贸易。

2. 商人

商人古已有之,4 000多年前,在黄河流域居住着一个古老的部落,叫商部落,随着农牧业的迅速发展,生产出现过剩,他们经常驾着牛车,拉着货物,赶着牛羊,到外部落去贸易。到了商汤时期商部落建立了商朝,因善于经商,外部落的人把这些生意人称作"商人"。从此,商人作为生意人的代名词一直沿用至今。

商人,本意就是贩卖商品从中获取利润的人。现如今,商人已成为一种职业人,是以一定的有形或无形资源为工具来获取利润并负一定社会责任的人,或者是以自己名义实施商业行为并以此为事业的人。随着商品经济的发展,商品种类和数量的增多,商人队伍的不断壮大,商业竞争日趋激烈,商人开始利用天然的乡里乡情、宗族关系和宗教信仰,加强联系,互相结盟,和衷共济,规避内部恶性竞争,增强外部竞争力,于是就出现了以地缘关系为基础的商人群体和地缘组织——商帮。中国历史上,特别是在明清时期兴盛的"三大商帮"是潮商、徽商和晋商。后来又出现了粤商、徽商、晋商、浙商、苏商"五大商帮",以及山东商帮、山西商帮、陕西商帮、洞庭商帮、江右商帮、宁波商帮、龙游商帮、福建商帮、广东商帮、徽州商帮等十大商帮,称雄逐鹿于商界。

3. 商场

拉着货物赶着牛羊,奔走集市做着交易;手提肩挑货郎担,穿街走巷叫买卖。这是商人经商的传统方式,也是我们孩提时代的美好记忆。但随着社会的发展,工具、设备和交通,思想、观念和追求,技术、手段和方法都发生了巨大的变化,交易的时间、空间和场地不断变换,交易的形式、内容和方式不断更新,商铺、商店、商场不断迭代,经销、分销、促销不断升级,聚集在一个或相连几个建筑物内的各种商店组成商场或购物中心,在商业活动中发挥着重要的渠道作用。

随着计算机、互联网和信息技术的发展,以网络技术为手段,以商品交换为中心的电子商务应运而生。作为电子商务的一种形式,一种能够满足人们浏览物品的同时也可以在线购买,还通过各种在线支付手段进行支付完成交易的网站,如京东、淘宝、易趣、苏宁易购、唯品会、拼多多、亚马逊等一大批网络贸易平台顺时而动,不断发展,人们把实体店铺搬到了网络空间,创造了前所未有的网店、网上商城、网上购物中心,形成了当前线上线下相结合、虚店实店相支撑的商业运营模式。

4. 商务

商业的发展一定离不开头绪万千、错综复杂的商业事务的处理和千变万化、形式各异的商业活动的举行。人们把与买卖商品服务有关的商业事务简称为商务,把法律认可的以商品或劳务交换为主要内容的营利性经济活动称作商务活动。我们经常听说商务接待、商务谈判、商务礼仪、商务峰会、商务签约等商务活动,但按照国际惯例,商务活动通常包括以下四种经济行为:

(1) 直接从事商品购销的活动,比如批发商、零售商等"中间商"直接从事商品的购入和卖出来进行谋利。

(2) "辅助商"为"中间商"购销商品提供直接服务的商业活动,如物流公司提供运输、仓储、包装、流通加工、配送等活动。

（3）"金融中间人"为商品交易提供间接服务的经济活动,如银行提供金融活动、保险公司提供保险服务、信托公司提供信托业务等活动。

（4）"营销服务机构"为商品交易提供劳务性质服务的活动,如饭店、旅馆、影剧院提供吃、住、娱乐活动,商业咨询公司、广告公司提供商业咨询、广告、市场调研等服务活动。

在当今电子商务蓬勃发展的时代,ABC、B2B、B2C、C2C、B2M、M2C、O2O 等多种电子商务模式不断产生,极大地推动了社会商务活动的发展和人类商务能力的提升。

5. 常见商业模式

商业模式是指企业与企业之间、企业部门之间、企业与顾客之间、企业与渠道之间的各种连接和交易方式的统称。通俗地说,商业模式就是一个企业赚钱的方式。那么,企业赚钱的方式有哪些呢? 下面从零售商的经营模式视角来探讨常见的商业模式。

（1）信息不对称模式

无论是在古代还是当今社会,各地之间信息不对称现象依然存在,由此产生的商品价格不对等现象也客观存在,因此,利用地区之间商品价格的差异来赚钱的现象也比比皆是。比如,山西煤矿资源丰富,东部地区经济发达,煤炭需求量较大,于是就有商人把山西的煤炭拉到东部沿海地区销售,利用地区差价赚取利润。这是一种最简单、最普遍、最传统的商业模式,当然随着信息技术的发展,信息公开透明程度越来越高,信息不对称现象越来越弱化,利用信息不对称模式赚钱也越来越艰难。

（2）直销模式

直销模式就是生产企业通过直销员直接将产品销售给顾客的销售方式。直销模式不需要通过代理商、经销商、零售店来销售产品,省掉了中间商的环节,这样生产商就可以节省中间的推广和广告费用,提升获利空间,也能让消费者花费更低的价格买到满意的产品,同时还能帮助生产商更好地了解消费者的需求从而改进产品。二十世纪 80 年代,戴尔(DELL)开创了 PC 业直销的先河,通过接受顾客订单、组织生产、配送交付,以定制化、低价格、快配送和优质服务成功实现了电脑行业直销模式的标杆。在我国,直销模式主要用在保健食品、美容护肤品以及日常消费品等销售品类,但必须严格遵守国家颁布的《直销管理条例》和《禁止传销条例》等法律法规。

（3）分销模式

生产商生产的产品除了通过直销模式销售给顾客外,更多情况下还是要通过中间环节才能把产品销售到顾客手中,由此产生了分销模式,即制造商通过代理商、经销商等分销商将产品辐射到各零售网点,再卖给顾客的销售模式,如图 29-1 所示。

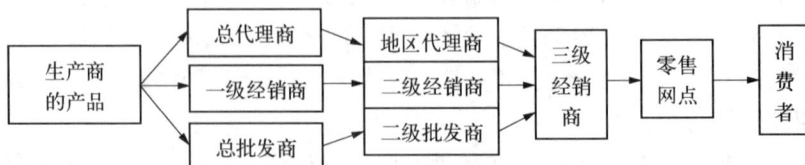

图 29-1 产品分销模式

分销模式是一种常见的销售模式,是建立销售渠道,推动产品流动和转移的一种重要商业模式。

（4）平台模式

平台模式是指第三方企业为增强买卖双方的匹配程度,链接两个或更多特定群体,为他们提供互动机制和交易平台,满足各群体的需求,促成交易完成,从中赢利的商业模式,如图 29-2 所示。平台模式是近十多年来商业模式的最大变化和创新。

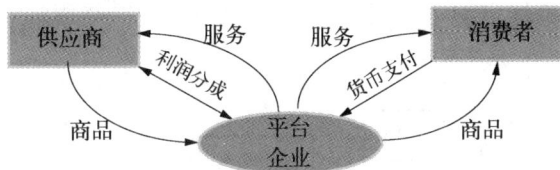

图 29-2 平台模式

平台模式的功能有:连接,使交易双方成本降低;管理,设立规则淘汰不良厂商;整合,借力打力,消除痛点,满足需求;价值传导,把消费者的需求信息及时传递给供应商,把供应商的产品或服务更加有效地传递给顾客。

（5）O2O 模式

O2O 是 Online To Offline 的缩写,即在线离线或线上到线下的意思,是现在普遍盛行的电子商务模式,是将线下的商务机会与线上的互联网平台相结合,线上平台为消费者提供消费指南、商品信息、优惠措施、查询比较、客服咨询、下单预订、在线支付等便利服务和评价反馈、经验分享,线下商户提供拣货、包装、物流、发货、退货等具体服务。2013 年 6 月 8 日,苏宁线上线下同步同价销售模式的启动,揭开了 O2O 电商模式的序幕。

二、商业模式案例分析

案例一:传统商业的店铺模式

店铺模式就是在具有潜在消费群体的地方开设店铺来提供产品或服务,这是最古老、最传统也是最基本、最普遍的商业模式。我们经常在大街小巷、村头巷尾、车站码头、校园周边、商业广场、旅游景点、居民社区、特色一条街、城市步行街等地方见到各种服装店、餐饮店、水果店、眼镜店、书店、花店、维修店、专卖店、连锁店以及大型百货商店、购物中心、商业大厦等名目繁多、形态各异的店铺。但传统店铺盈利模式主要是通过买卖赚取差价获利,比如某水果店,从批发商采购山东红富士苹果、安徽砀山梨、广东小米蕉香蕉来出售,从中赚取差价,再扣除店铺房租、人工费、水电费、营业税等税费,获得经营利润,如图 29-3 所示。

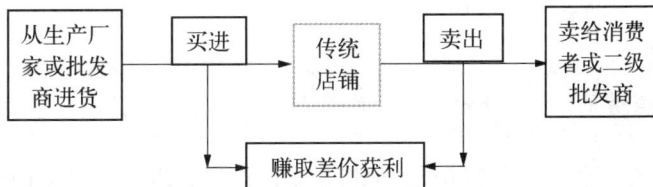

图 29-3 传统店铺盈利模式

案例二：吉列公司的"饵与钩"模式

"饵与钩"模式也称为搭售模式，这个模式出现在二十世纪早期年代，它是把基本产品的出售价格定得极低，甚至处于亏损状态，用它做消费"诱饵"，吸引消费者，而把与之相关的消耗品或者服务的价格定得十分昂贵，把它作为"鱼钩"，牵制消费者，从而赚取利润。如图 29-4 所示。

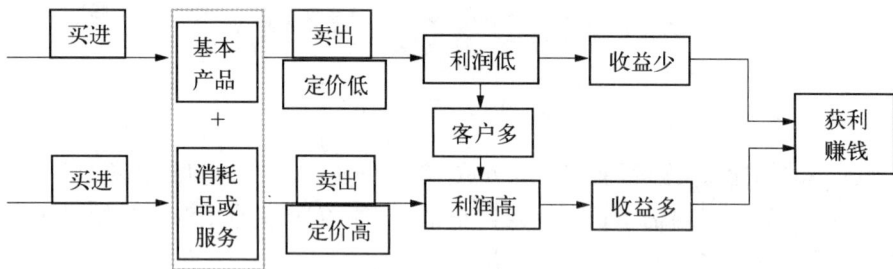

图 29-4 "饵与钩"模式的盈利方式

吉列公司 1901 年创立于美国波士顿，主要生产和经营创始人金克·吉列（King C. Gillette）的新发明：可替换刀片的安全剃须刀。当时，金克·吉列发现，由于售价过高，传统的一副刀架加上若干刀片组成的剃须套装产品难以被消费者普遍接受，于是，他将吉列刀架零售价定为 55 美分、批发价定为 25 美分单独亏本出售，这个价格还不到生产成本的 20%。同时，将刀片以 5 美分的价格出售，每个刀片的制造成本不到 1 美分，每个刀片可以使用 6—7 次，这样每次刮脸的花费不足 1 美分，而去理发店刮一次脸需要 10 美分，加上首次购买剃须刀的投入大大降低，于是越来越多的消费者选择使用吉列剃须刀。一把剃须刀一年下来平均需要更换 25 把刀片，这样，大量来自刀片的收入就可以大大弥补安全剃须刀的亏损，并让吉列公司利润飞速增长，很快在美国市场占有率高达 90%，在全球市场的份额竟达到 70% 以上。这里，剃须刀与刀片就是饵与钩的关系，剃须刀可以卖得很便宜，迎合消费者的消费心理，引导消费者购买，但刀片价格不便宜，而使用剃须刀又必须要买刀片，所以通过刀片的高价销售赚取利润。

"饵与钩"的商业模式现在也比较普遍，如手机与网络服务也是饵与钩的关系，手机可以买得便宜甚至免费赠送，吸引客户，但裸机无法使用，必须要预订价格不菲的套餐、购买网络服务才能通话或上网，从而赚取消费者的利润，所以，商家经常举办充话费送手机活动。类似地，打印机和墨盒也是饵与钩的关系，以及诸多软件开发商也常常运用"饵与钩"模式销售他们的软件，比如把一些文本阅读器免费投向市场，供客户使用，但对其文本编辑器进行高昂定价和收费。

案例三：麦当劳的"特许经营＋商业地产"模式

在二十世纪 50 年代，麦当劳（McDonald's）、丰田汽车（Toyota）又创造了新的商业模式。麦当劳（McDonald's）1954 年在美国创立，是全球著名的快餐服务集团，主要经营汉堡包、薯条、炸鸡、汽水、沙拉等快餐食品。麦当劳公司创始人麦当劳兄弟和雷·克洛克自1955年在美国伊利诺伊州开设第一家餐厅至今,已在全球120多个国家和地区开设了三万多家餐厅,2018年营业收入为210.25亿美,净利润达59.24亿美元,现在仍然以较快的速度迅猛发展,并在2019年度《世界品牌500强》中排名第8。

尽管麦当劳是全球著名的快餐公司,但它不同于一般快餐公司仅靠卖快餐赚钱,正如麦当劳总裁雷·克洛克所说:"麦当劳的真正生意是经营房地产,而不是汉堡包。"麦当劳的商业模式是"特许经营+商业地产",是通过快餐吃喝,靠地产盈利。麦当劳公司的收入主要来源于三个渠道:房地产营运收入、加盟店的服务费和直营店的盈余。

在美国,加盟麦当劳要支付3万美元的土地费用和4万美元的建筑费用,麦当劳公司知道一般加盟者都有一定的困难,于是公司就负责代加盟商寻找合适的开店地址,并长期承租或购进土地和房屋,然后将店面出租给加盟商,从中获取差额利润,这既解决了加盟者开店的资金困难,又增加了麦当劳公司的收入,同时,通过控制房地产还有利于加强对加盟商的管理。麦当劳在美国的上万家店铺中,60%店铺的产权属于麦当劳公司,40%店铺是由麦当劳公司承租的。麦当劳不仅可以通过特许加盟收取约占销售额4%的收益,还可以通过房地产运作得到相当于10%销售额的租金。麦当劳的收入有25%来自直营店,75%来自加盟店,其中90%来自加盟店店铺租金,可见,房地产收入已成为麦当劳的主要收入。

案例四:西南航空的"空中巴士"模式

随着科技的进步和社会的发展,人们对民用航空的需求量日益增大。但我们知道,航空业是投入大、成本高的行业,一般固定成本占总成本的比例高达60%以上。因此,一般中小城市人口和物流量不大,难以支撑航空建设与运营的高额成本。为此,美国在二十世纪70年代的普遍做法是,客流量小的城市间不直接通航,而是与一个枢纽机场通航,将支线的客源集中到干线上来,提高航空公司的客座率,有效降低运营成本。因此,短途航线一直被认为无利可图,是公路运输的主流市场。

然而,1971年6月美国西南航空公司成立,创始人赫伯·凯莱赫说:"我们的对手是公路交通,我们要与行驶在公路上的福特、克莱斯勒、丰田、尼桑展开价格战。我们要把高速公路上的客流搬到天上。"于是,全球第一家只提供短程、高频率、低价格、点对点直航的航空公司诞生,他们试图颠覆传统的短途航线无利可图的观点,与公路运输展开竞争,着力打造"空中巴士"模式。

首先,采用低价格策略。西南航空将目标客户定位于那些对价格敏感的短途商务人士与家庭旅游者。于是,西南航空打出低价策略,让绝大部分票价只有其他航空公司的1/3到1/6甚至更低,例如从洛杉矶到旧金山的票价还不到竞争对手的1/3,机票价格与汽车票价基本相当,让旅客花费乘车的代价享受飞机的待遇。

其次,采用高频率策略。因为短距离的旅客以往大都选择汽车出行,要想满足他们出行方便的需求,就必须在运行频次上能和公路运输竞争。为此,西南航空安排了非常密集的航班,保证乘客在错过一个航班后能在一小时之内搭上同一个航线的下一个航班。

再次,采用方便订票策略。航空公司不安排旅行社代销机票,乘客可通过电话或网络直接订票,这样就可以把给旅行社的钱让利给顾客。

另外,采用快捷登机策略。公司实行塑料登机牌和先到先选座位的方式,乘客到机场服务台后报出姓名,就能根据到达机场时间的先后领取不同颜色的登机牌,不打印机票,塑料登机牌可重复使用,根据塑料牌颜色的不同依次登机,自选座位,不对号入座,促使旅客尽快登机,这样上飞机的时间非常快,减少了乘客等待的时间,同时也减少了航空公司付给机场的停机费。

还有,采用成本领先策略。西南航空公司的飞机只有波音 737 一种机型,从而机械师、零备件以及飞行员训练都是单一的,这样可以简化管理,大大节约成本。而且,每个航班的乘务员只有 2 人,而其他航空公司的乘务员都是 4 到 5 人。飞机不设头等舱,将原来三排头等舱、每排 4 个座位,变成四排、每排 6 个座位,这样就可以多卖 12 张机票。另外,公司不提供行李托运业务,乘客必须自提行李,减少了行李搬运、转机、等候等环节的设施设备投入和人工成本。飞机上不提供便餐,只提供饮料、花生或饼干,省去一笔昂贵的餐饮设备投入与费用,并将节省的空间增加 6 个座位,多卖 6 张机票。没有餐饮服务,飞机到达后打扫卫生简便,可节省 15 分钟,机组人员在 25 分钟内可以完成换乘,这样每天同一航线可以比别的航空公司增加 2 个航班,带来可观的收益。

西南航空以"廉价航空公司"而闻名,是民航业"廉价航空公司"经营模式的鼻祖,以低票价、密集航班、点对点、方便订票、快捷登机的策略,打造了名副其实的"空中巴士",目前拥有 537 架波音 737 客机,为美国 35 个州 68 座城市提供服务,创造了自 1973 年以来唯一一家连续盈利时间最长的航空公司。

三、商业模式的创新

1. 把握好商业模式的要素

现代管理学之父彼得·德鲁克曾说:"当今企业之间的竞争,不是产品和服务之间的竞争,而是商业模式之间的竞争。"可见,创新商业模式,增强商业模式的竞争力,是增添企业活力和发展动力的重要路径。创新商业模式,首先要了解商业模式的要素,以便找到创新的突破口。关于商业模式的要素有多种观点,如三要素说:价值主张、目标客户和价值链;四要素说:客户、渠道、产品、管理;六要素说:战略定位、业务系统、关键资源能力、盈利模式、现金流结构、企业价值及其相互关系。为了便于大家全面理解,下面介绍商业模式的九种要素及其相互关系,如图 29－5 所示。

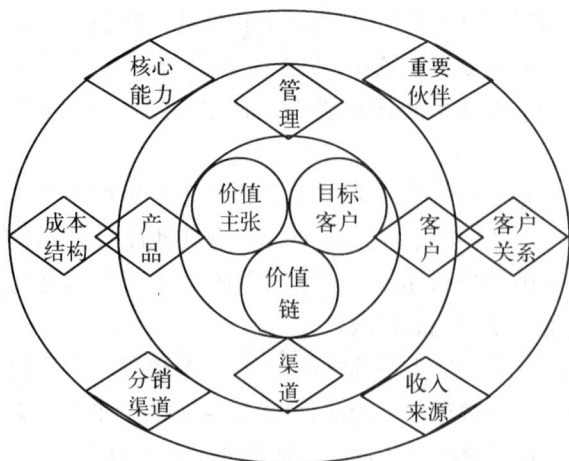

图 29－5 商业模式的九种要素及其相互关系

（1）价值主张——公司通过产品或服务向消费者所能提供的价值。

（2）目标客户——公司所瞄准的消费者群体。

（3）分销渠道——公司用来接触消费者的各种途径。

（4）客户关系——公司与消费者群体之间所建立的联系。

（5）收入来源——公司通过各种收入流来创造财富的途径。

（6）核心能力——公司执行其商业模式所需的重要资源和能力。

（7）价值链——公司向客户提供产品或服务价值时开展的相互之间具有关联性和支持性的活动。

（8）重要伙伴——公司与其他公司为有效提供价值而形成的合作关系网络。

（9）成本结构——公司所使用的工具和方法的货币描述。

2. 解决好商业模式创新问题

（1）明确企业商圈与目标客户的关系

客户是企业销售体系的重要组成部分，是商业模式的核心要素。一个企业要建立自己的商业模式，首先要有针对性地分析企业所处商圈的企业类型和数量、主营产品和业务、产品结构和特质、客流量的来源和大小、消费人群的消费能力和特点等内容，从而选定企业自身的目标客户。企业如何开发客户、经营客户、维护客户，让客户给企业带来更多的利润，实现企业利润最大化，是企业要关注的重大问题。企业只有全面分析和深度了解客户的不同需求，建立起适合自己发展的商业模式，才能持续健康地发展壮大。

（2）把握竞争对手与合作伙伴的关系

企业在确定自身商业模式的时候，要能清楚地区分竞争对手和合作伙伴，力求避免与竞争对手形成正面冲突，充分发挥合作伙伴的支撑力量。要善于寻找新的市场空间，合理布局商品品类和服务项目，与竞争对手错位发展。要善于拓展战略合作伙伴，与重要伙伴加强联盟，保障人财物、产供销各环节的联结与协作，共同优化商圈的生态布局，做大做强市场份额，提高企业和商业的综合竞争力。

（3）区分企业实力和个人爱好的关系

任何行业或企业的商业模式都不是单一的或唯一的，商业模式的创新也存在合理选择和组合的过程，不同投资者即使面对相同的市场环境，也会因为自身综合实力和思想观念、文化层次、兴趣爱好、自然禀赋差异做出不同的选择，但要正确处理好个人爱好与经济实力、目前市场与发展空间的关系，需要做出合适的、理性的、前瞻的、有效的选择，避免因个人喜好而盲目追求、因不切实际而导致商业模式失败。

3. 培养商业模式创新思维

（1）用聚合思维来聚焦重点

根据企业经营的产品和项目，运用聚合思维来聚焦重点产品或项目，致力于打造拳头产品或品牌项目。

（2）用发散思维来联结资源

根据企业提供的产品或服务，运用发散思维，广泛挖掘产品或服务的有形或无形资源，依据资源特征来创新商业模式。比如，挖掘和利用一个产品或一项服务的历史典故、风土人情、艺术形象、民间工艺等文化资源，有机联结产品生产或消费方式，体现文化价值，展现文化魅力。

（3）用逆向思维来突破定势

商业模式的创新，除了关注产品或服务内涵之外，还可以运用逆向思维来破除传统的、常规的、习惯的模式或方法。比如景泰蓝火锅店运用中国传统的具有较高艺术欣赏价值的景泰蓝作为火锅器皿，创造了与众不同的美食与艺术欣赏相结合的成功模式，这是器皿营销而不是菜品营销模式。再比如，制造灯具的飞利浦集团和史基浦机场签订了一份"照明服务解决方案"合同，飞利浦公司专门为机场提供了 3 700 百个 LED 灯具和照明设备，但保留灯具和设备的所有权，并且负责所有管理和保养维修工作，机场只需要每月支付固定的服务费，这就是"不卖灯泡、只卖灯光"的商业模式。

（4）用联想思维来寻找特色

无论是产品还是服务，特色才是商业营销的买点。运用联想思维，将形式、内容或意义相同或相近的事物联系起来，找到它们之间的共性或关联，借鉴它们的优势或特点，也许可以产生独特的内容。例如，徽州有一道传统的民间菜叫臭鳜鱼，闻起来很臭，吃起来却很香，深受食客欢迎。这种菜肴正如臭豆腐一样，通过腌制和油煎后变成一道美食，其独特的制法就是一种创新。

（5）用抽象思维来分类营销

前面谈到，客户是商业模式的核心，运用抽象思维，通过调查分析、抽象概括、归纳推理、分类比较、综合判断，把客户群体按消费层次进行合理分类，依据不同类型不同层次人群的数量、消费能力、消费习惯、消费潜力来细分市场，精准定位，创造适合自身的、富有特色的分类营销商业模式。例如，某家常菜馆定位于大众的消费、百姓的食堂，以老百姓家常菜为主，盘大量足，价廉物美，深受普通老百姓的欢迎。

（6）用跨界思维来组合功能

多种功能的有效拓展、不同功能的有机组合，也许是商业模式的创新路径。运用跨界思维，整合不同行业、不同领域、不同资源和不同功能，产生新颖的、复合的、交叉的、实用的功能和效果，往往是商业模式的成功之道。例如，星巴克咖啡店创立之初就着力为到店消费的顾客免费提供上网服务，方便顾客商务办公，增加星巴克咖啡的商品附加值。麦当劳汉堡店专门为儿童设立游乐区，吸引儿童游玩，让麦当劳的餐厅功能和娱乐功能叠加。海底捞火锅店除了做好火锅餐饮质量，还在火锅店附近设立等候区，安放舒适的沙发和桌椅，为顾客提供擦鞋、美甲、上网、泊车等免费服务，让顾客享受超值服务。

思政联结

1. 科技强国，创新很重要！习近平总书记这十句话振奋人心！
2. 习近平：共享数字经济发展机遇 共同推动人工智能造福人类

3. 习近平：推进供给侧结构性改革是一场硬仗

4. 习近平：综合国力竞争说到底是创新的竞争

☞ 扫码见全文
《科技强国创新很重要》

☞ 扫码见全文
《共享数字经济发展机遇》

☞ 扫码见全文《推进供给
侧结构性改革是一场硬仗》

☞ 扫码见全文《综合
国力说到底是创新的竞争》

训练题

一、选择题

1. 商业模式实现的方法是（ ）。

    A. 资金回笼   B. 市场营销   C. 资本运作   D. 利润翻倍

2. （ ）运用做地产商业资本与金融资本相结合的商业模式。

    A. 戴尔   B. 微软   C. 肯德基   D. 麦当劳

3. （ ）不属于商业模式的要素。

    A. 产品   B. 客户   C. 管理   D. 团队

4. （ ）不属于O2O商业模式的优势。

    A. 更稳定   B. 更高效   C. 更便捷   D. 更合理

二、论述题

1. 请你对中国房地产商业模式进行调研，并对每一种模式进行简单评述，不少于两种模式。

2. 请你对移动、联通或电信行业的商业模式进行调研，叙述其现有的商业模式，并对其商业模式创新提出你的意见和建议。

3. 请你选择一家身边的餐饮企业，从商业模式的核心要素视角对其商业模式进行分析，并提出改进和创新的策略。

第三十节

创新实践训练

一、成功者的启示

案例 1：一滴焊接剂成就一个石油大王[①]

曾经，美国的一家石油公司有个年轻人，学历不高，也没有什么特别的技术，每天干着一份非常简单的石油罐盖焊接巡视工作，也就是当石油罐通过传送带送到旋转台时，焊接剂会自动滴下，沿盖子滴完一圈，结束作业，这个年轻人的任务就是注视并确认石油罐盖有没有自动焊接好，每天重复着这项工作。

很快，这个年轻人就开始厌烦这项单调的工作，很想改行但又没有什么本领。于是，他静下心来，决定把这份乏味的工作做好以后再寻求发展。一天，他在注视过程中就发现石油罐旋转一圈，焊接剂滴落 39 滴。于是，他就想：这个焊接剂能不能少滴一两滴，这样不是既节省时间又节约成本吗？经过一番研究，他研制出"37 滴型"焊接机，经过试用后发现这种焊机焊接的油罐偶尔会漏油，并不理想。但他并没有放弃，又进一步研究，后来又研制出"38 滴型"焊接机，非常可靠，公司也采用了这种焊接技术。正是这种每次节约一滴焊接剂的改进，每年为公司新增 5 亿美元的利润。

这位年轻人，就是后来掌管全美石油业 95％ 实权的石油大王——约翰·D·洛克菲勒(John Davison Rockefeller，1839～1937)。

请根据这个故事，写出三点启示：

启示 1：_____；

启示 2：_____；

启示 3：_____。

案例 2：从碎花瓶中发现规律[②]

如果花瓶打碎了，你会怎么处理？我们发现，大多数人会把碎片直接扔掉，是吗？

[①] 根据《新年说创新》(石油知识，2018 年 01 期)改编。

[②] 根据《别把我们的聪明打碎》(思维与智慧，2007 年 3 月)改编。

有一次,丹麦有个科学家雅各布·博尔在书房里不慎把花瓶打碎了,但他并没有直接把碎片扔掉,而是细心观察了这些碎片,并把碎片按大小排列起来,然后进行称重,结果发现:10～100 克的碎片最少,1～10 克的碎片稍多,0.1～1 克以下的碎片最多。更有趣的是,这些碎片的重量之间还存在着严整的倍数关系,也就是最大碎片与次大碎片的重量比为 16∶1,次大碎片与中等碎片的重量比为 16∶1,中等碎片与较小碎片的重量比为 16∶1,较小碎片与最小碎片的重量比也是 16∶1。

于是,科学界将花瓶碎片这一倍比规律运用到考古或天体研究中,通过已知的文物、陨石的残肢碎片来推测它们的原状,恢复它们的原貌。

请根据这个故事,写出三点启示:

启示 1:＿＿＿＿＿＿＿＿＿＿＿＿＿＿＿＿＿＿＿＿＿＿＿＿＿＿＿＿＿＿;

启示 2:＿＿＿＿＿＿＿＿＿＿＿＿＿＿＿＿＿＿＿＿＿＿＿＿＿＿＿＿＿＿;

启示 3:＿＿＿＿＿＿＿＿＿＿＿＿＿＿＿＿＿＿＿＿＿＿＿＿＿＿＿＿＿＿。

二、思维拓展

1. 按字造句

按照给定的汉字和顺序,尽可能多地写出具有独特性的句子,这些语句必须按顺序包含所有的汉字,并且语法要正确,语义要通顺。

示例:海—海—海—海—海

造句:刚刚走上工作岗位的王海,有一次出差来到山东威海,望着辽阔无边的大海,他的脑海中立即浮现"海阔凭鱼跃,天高任鸟飞"的美景,内心充满了无比喜悦和遐想。

(1) 山—山—山—山—山

造句:＿＿＿＿＿＿＿＿＿＿＿＿＿＿＿＿＿＿＿＿＿＿＿＿＿＿＿＿。

(2) 水—云—画—情

造句:＿＿＿＿＿＿＿＿＿＿＿＿＿＿＿＿＿＿＿＿＿＿＿＿＿＿＿＿。

(3) 机—技—疾—绩

造句:＿＿＿＿＿＿＿＿＿＿＿＿＿＿＿＿＿＿＿＿＿＿＿＿＿＿＿＿。

2. 创意模仿

(1) A 带动 B,如火车头带动火车在铁轨上奔驰。请你写出三组 A 和 B。

① A＿＿＿＿＿＿＿＿＿＿＿＿,B＿＿＿＿＿＿＿＿＿＿＿＿。

② A＿＿＿＿＿＿＿＿＿＿＿＿,B＿＿＿＿＿＿＿＿＿＿＿＿。

③ A＿＿＿＿＿＿＿＿＿＿＿＿,B＿＿＿＿＿＿＿＿＿＿＿＿。

(2) 奶粉是由液态牛奶或羊奶经过脱水后加工制作而成的冲调食品,它有三个特点:便于携带;适合保存;深受中老年和婴幼儿欢迎。

请你再列举出三种由液态物品加工成的粉状物品,并分别指出它们的特点,每个物品的特点不少于三个。

① 粉状物品:_____,特点:_____;_____;_____。

② 粉状物品:_____,特点:_____;_____;_____。

③ 粉状物品:_____,特点:_____;_____;_____。

(3) 古人称万物之理为"道",并把天体运行变化之道称为"天道",并有"天道酬勤"之说,取典于《周易》"天行健,君子以自强不息。"受此启发,请你依次完成下列内容。

① 地道酬_____,取典于_____;

② 人道酬_____,取典于_____。

3. 功能改善

(1) 镜子是生活中常用的物品,主要是用于人们照镜子的功能。除此之外,镜子还有哪些功能,请你至少再说出它的五种其他功能。

① _____;② _____;

③ _____;④ _____;

⑤ _____;⑥ _____。

(2) 塑料袋是日常生活中的常用物品,它给人们带来方便的同时也产生了大量的白色污染,给人类生存的地球带来了严重的危害。请你指出塑料袋的若干主要功能,每一种功能的缺陷,以及针对每一种缺陷的改进策略。

① 功能:_____,缺陷:_____;改进策略:_____。

② 功能:_____,缺陷:_____;改进策略:_____。

③ 功能:_____,缺陷:_____;改进策略:_____。

三、技法应用

1. 请运用奥斯本检核表法对手机逐一进行检核,并在表 30 - 1 中填入创造性设想。

表 30 - 1 手机的检核表

序号	检核项目	创造性设想
1	能否他用	
2	能否借用	
3	能否扩大	

续　表

序号	检核项目	创造性设想
4	能否缩小	
5	能否改变	
6	能否代用	
7	能否调整	
8	能否颠倒	
9	能否组合	

2. 请运用十二聪明法中的部分方法对太阳伞加以改进,并在表 30-2 中填入创造性设想。

表 30-2　太阳伞的创新设计

序号	方法	创新设计
1	加一加	
2	减一减	
3	扩一扩	
4	缩一缩	
5	变一变	
6	改一改	
7	联一联	
8	学一学	
9	代一代	
10	搬一搬	
11	反一反	
12	定一定	

四、案例分析

1. 曾经有位同学王某到一家大型企业去应聘,由于应聘人员较多,竞争比较激烈,这家企业安排了三轮笔试,第一轮是综合性笔试,第二、第三轮是创新思维笔试。在第一轮笔试中,王某取得了第一名,于是就进入第二轮笔试,他又取得了第一名。因此,他顺利地进入第三轮笔试,但他发现第三轮笔试的题目跟第二轮的题目完全一样,他暗自窃喜,按照第二轮的答案又轻而易举地完成了考试,他满怀信心地等待通知。但意外的是他最后落选了,他百思不得其解,于是去找企业人力资源部经理了解原因,得到的答复是"你前两次的成绩的确都是第一名,但是……"

问题:(1)请你完成人力资源部经理对王同学的答复。

(2)根据王同学三轮考试的经过,请你对王同学的创新思维能力做一个评价。

(3)通过此案例,你得到哪些启发。

2. 福特汽车现在是世界著名的汽车品牌。但在当初,福特汽车公司为了寻求一个创意广告而煞费苦心,广告创意负责人查阅了大量资料,开展了诸多调研,尝试了各种想法,写下了一堆文案,却始终没有找到满意的广告。于是,他灰心丧气,随即把手中最后一张稿纸撕成两半。突然,他眼睛一亮,这撕纸的声音与车内噪音相比如何?灵感突现,他倍感欣喜,"和撕纸的声音相比,福特汽车的声音变得悄然无声"这样一个举世未有、富有表现力的创意广告油然而生。

问题:(1)分析这个创意广告有何创意?

(2)这个创意广告是如何产生的,灵感在创新思维过程中有什么作用?

3. 日本米多尼公司是生产创可贴的专业厂家,因为创可贴生产工艺比较简单,原料易得,所以生产企业不断增加,市场竞争十分激烈。面对日趋疲软的创可贴市场,产品市场占有率不断下降,公司老板会田正昭也非常苦恼,整天苦思冥想,他提出:"要使人们产生新的购买冲动,必须要创新产品。"有一天,他突然灵机一动,何不给自己的创可贴注入"情趣"?于是,一种名为"快乐伤口"的新产品很快被开发出来。这种新型创可贴摒弃了传统产品的单一肉色,一反常态地采用了鲜艳的桃红、橘黄、天蓝、翠绿等花哨的颜色,外形和设计上也不再是原先单调的条形,而是心形、五角星形、十字形、香肠形、卡通人物形等多种形状,上面还印了"好疼啊""我快乐极了""花头巾""别烦我"等幽默文字,令人忍俊不禁。这种充满情趣的新型创可贴一经推出,就受到消费者的好评,尤其受到孩子和女士的喜欢。新产品推出不到一年时间,就销售了830万盒,销售额高达15亿日元,效益非常可观,令同行瞠目结舌。①

问题:(1)米多尼公司创新创可贴产品,采用的是什么创新策略?

(2)米多尼公司设计开发充满情趣的新型创可贴,使用了什么创新思维,这种创新思维有哪些特点?

(3)结合本案例,谈谈大学生应该怎样培养创新思维?

---

① 言守义:《别出心裁创财富》,载《跨世纪(时文博览)》,2008(24)。

五、综合设计题

1. 现有一家公司,生产经营牛奶、面包和蛋糕。其中,牛奶十分畅销,但面包和蛋糕销量一直不是很好。请你帮公司设计一个独特的商业模式,来促进面包和蛋糕营销。

2. 如果你想在上海这样的大城市经营一家家政服务公司,请你完成以下几个任务:

(1) 给公司取一个合适的名称,再写一个新颖独特的广告语。

(2) 从产品或技术创新角度,设计一款实用的家政服务新产品。

3. 扳手是一种常用的安装与拆卸工具,它是利用杠杆原理来拧紧或松开螺母、螺钉、螺栓等零部件的手工工具。如果要用开口扳手拧紧或松开一个六角螺母或螺钉,在外力的作用下,由于螺母或螺钉的受力会集中到扳手的两条棱边,容易产生变形,如图 30-1 所示,往往无法拧紧或松开螺母或螺钉。为解决这一问题,就必须要减少扳手开口与螺母侧面之间的间隙,甚至达到零间隙。这样就要求提高螺母和扳手开口的尺寸精度,给螺母和扳手的制造带来困难。所以,人们根据不同情况的需要,已经设计出许多不同类型的扳手,如图 30-2 给出的六种不同类型的扳手 A、B、C、D、E、F。

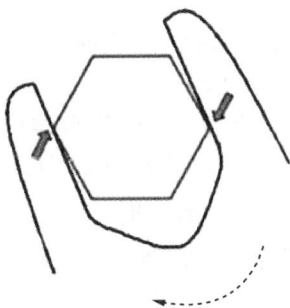

图 30-1　开口扳手的受力情况

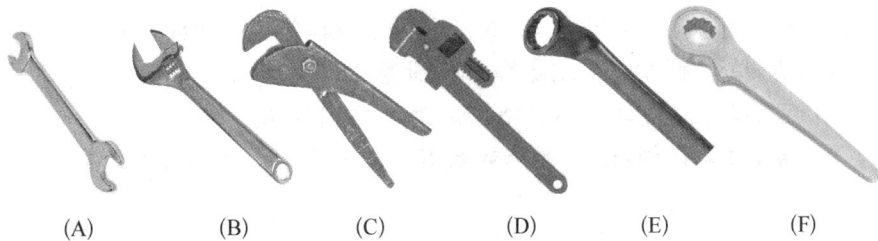

| (A) | (B) | (C) | (D) | (E) | (F) |

图 30-2　六种不同类型的扳手

(1) 针对图 30-1 所示的开口扳手在拧转一个六角螺母时出现的情况,用 TRIZ 矛盾冲突分析模型来寻找解决问题的方案。

(2) 针对图 30-2 所示的六种扳手,分别指出它们的优点和不足。

(3) 针对上面六种扳手的优点和缺点,请你运用 TRIZ 创新理论来设计一款新的扳手,能集中这六种扳手的优点同时又能克服它们的缺点。

(4) 你能否运用创新思维,设计一款万能扳手? 请写出你的创意。

参考文献

[1] 余华东.论思维研究的使命——关于思维研究的重要性、复杂性和道路[J].北京市政法管理干部学院学报,2003 年第 2 期.

[2] 恩格斯.反杜林论[M].北京:人民出版社,1970.

[3] 恩格斯.自然辩证法[M].北京:人民出版社,2018.

[4] 张爱华.全脑开发与创造性思维能力的培养[J].教育研究,1999 年第 8 期.

[5] 马克思,恩格斯著,中共中央翻译局翻译.马克思恩格斯选集[M].北京:人民出版社,1995.

[6] 中国大百科全书总编辑委员会《哲学》编辑委员会编.中国大百科全书哲学卷Ⅰ[M].北京:中国大百科全书出版社,1987.

[7] 陈树林.形象思维的内在运演机制及其本质特征[J].学术交流,1990 年第 6 期.

[8] 托马斯·库恩.必要的张力[M].福建:福建人民出版社,1987.

[9] 言守义.别出心裁创财富[J].跨世纪(时文博览),2008 年 24 期.

[10]桂德怀.数学教育与大学生创新思维能力培养[J].苏州市职业大学学报,2015 年第 2 期.

[11] 周苏.创新思维与 TRIZ 创新方法(第 2 版)[M].北京:清华大学出版社,2018.

[12] 吴国盛.科学的历程(第二版)[M].北京:北京大学出版社,2002.

[13] 唐时俊,徐德钰.创新思维与管理[M].北京:机械工业出版社,2018.

[14] 生奇志,单承斌,徐佳佳.创意学[M].北京:清华大学出版社,2016.

[15] 吴维亚,吴海云.创新学[M].南京:东南大学出版社,2008.

[16] 奚国泉,徐国华.创新创业战略规划实训教程[M].北京:清华大学出版社,2018.